3살까지 아기 건강보다
중요한 건 없습니다

3살까지 아기 건강보다
중요한 건 없습니다

여은주 지음 | 손수예 감수

글담출판

내 육아가 서툴러
아이를 힘들게 하는 것 같나요?

✿✿✿

'육아는 잘 먹이고 잘 재우기로 끝난다'고 얘기해도 과언이 아닐 정도로 간단합니다. 하지만 초보 부모에게는 절대 말처럼 쉬운 일이 아니지요. 내 마음대로 되지 않는 것이 육아이기 때문입니다.

"제가 너무 육아를 서툴게 해서 아이가 힘든 것 같아요."

제가 소아과 진료를 보면서 초보 부모님께 매일 듣는 하소연입니다. 하루 종일 아이 옆에서 지내다 보니 아이의 숨소리, 움직임 하나까지 신경 쓰게 됩니다. 걱정되는 마음에 주위의 경험담을 듣기도 하고 인터넷에서 정보를 얻기도 하지만 내 아이에게 적기적시에 필요한 정보가 아닌 경우가 많아 더욱더 혼란에 빠지기도 하지요. 진료실에서 "괜찮습니다. 정상이에요. 다른 부모님들도 종종 이런 질문을 하세요."라고 제가 말씀드리면, 부모님들은 안도의 한숨을 내쉬며 종종 눈시울을 붉히곤 합니다.

이 책은 아기가 크면서 부모가 흔하게 겪게 되는 상황에 대해 임신하는 순간부터 시간 순서대로 공감하기 쉽게 이야기로 풀어 내고 있습니다. 마치 두 아이를 둔 선배 엄마가 옆에서 조언을 해주듯 '간호사인 저도 엄마가 되면서 이런 고민을 했었답니다'라고 조곤조곤 들려주지요. 저자가 들려주는 이야기에, 제 진료실에서 부모님이 안도의 한숨을 쉬듯 '나만 이런 고민을 하는 것이 아니었어.' 하고 위로를 받게 될 것입니다. 각 상황에 따른 의학적 내용을 소개한 칼럼까지 있어 여기저기 흩어져 있는 건강 정보들을 한눈에 볼 수 있으니 일석이조라고 할 수 있죠!

처음 하는 육아는 서툰 게 당연한 겁니다. 이 책은 육아라는 긴 마라톤을 시작하려는 부모님들에게 페이스 메이커가 될 수 있을 거라 생각됩니다.

-손수예(소아청소년과 전문의)

건강하고 안전하게 키우는 일만큼
중요하고 어려운 일이 있을까요?

"다른 건 안 바라니, 건강하게만 자라다오."

병원에 입원한 아이들의 부모님들은 이런 말을 하곤 했습니다. 누군가 아이에게 부모가 가질 수 있는 수많은 바람들 중 한 가지를 확실하게 보장해 주겠다고 한다면 건강을 1순위에 올리지 않을 부모가 있을까요?

저 역시 아이를 임신한 순간부터 언제나 아이의 육체적, 정신적, 정서적 건강을 기도했었지요.

간호사라는 직업은 참 재미있게도 명확하게 하나의 전공을 갖는 경우가 많지 않습니다. 전문간호사나 수술실처럼 특화된 분야가 있기도 하지만 종합병원이나 대학병원에서 대부분의 간호사들은 한 직장에 다녀도 병동을 옮겨 다니며 근무를 하기 때문에 다양한 과에서 수많은 환자들을 만나게 됩니다. 저도 첫 직장에서는 산부인과 & 소아과, 다음 직장에서는 비뇨기과 & 성형외과 & 안과, 소화기내과, 그리고 결혼 전후로는 정형외과에서 근무를 했지요. 신기하게도 이렇게 여러 과를 거치며 근무를 해도 꾸준히 어린아이들을 환자로 만나게 되었습니다. 어린이 환자들은 각각의 다양한 문제로 병원에 옵니다. 단순한 치료를 받으러 오기도 하고, 입원하여 수술을 받기도 하지요. 병원에서 만나는 아이들은 대부분 힘들어하거나 아파하니, 고생하는 아이들의 모습을 보다 보면 저는 역시나 아이에게서 가장 중요한 것은 건강이라는 생각을 하게 되었습니다. 그래서 출산을 하면서부터 아이를 건강하고 안전하게 키우려고 무던히 노력하고 애를 썼지요.

환자의 컨디션을 확인하고, 필요한 내용을 교육하고, 육체적, 정신적으로 돌보는 '간호사'의 일은 마치 엄마의 일과 같아서 '엄마라는 자리에 대한 막연한 자신감도 있었습니다. 병원에서 소아환자들을 돌보며 했던 경험들을 믿고 육아도 크게 어렵지 않을 거라 생각했지요. 하지만 정작 임신과 출산, 육아를 경험하며 저는 많이 넘어져야 했습니다. 머리로는 알고 있지만 몸으로는 처음 겪는 상황들에 병원에서 일할 때처럼 매뉴얼대로 대처되지 않더군요. 갑자기 발생하는 예상치 못한 일들에 당황하고, 허둥대게 되는 것은 간호사가 아닌 엄마들과 크게 다를 것이 없었어요. 아이가 다치거나 아프면 마찬가지로 똑같이 놀라고, 마음 졸이며 걱정하고, 가끔은 후회하고, 또 미안해하기도 했습니다.

하지만 다행인 것은 간호사로서 배우고 경험했던 것들이 아이를 키워 내는 과정에 도움이 되었다는 것이에요. 물론 전공책을 다시 펼치고, 주변 의료인들에게 물어가며 아이를 낳기 전보다 더 열심히 공부하기도 했지만요. 어떤 경우에 병원에 가야 할지, 어떤 방법을 선택할 때 장단점이 무엇인지, 어느 정도까지 집에서 지켜봐도 좋을지, 어떻게 하는 것이 아이에게 편안한 방법인지를 판단하기가 상대적으로 쉬웠습니다.

그러다 보니 주변에서도 제게 아이를 키우며 생기는 여러 상황에 대해 물어왔지요. 병원에 물어볼 만한 것은 아니지만 궁금한 것들, 병원에서는 미처 생각나지 않아서 묻지 못했던 질문들, 인터넷에서는 의견이 분분해서 확신할 수 없는 건강 상식 같은 것들을요. 이런 이야기들을 다른 엄마들과도 나누고 싶어 인터넷 맘카페에 썼던 칼럼이 이 책의 시작이었습니다.

이 책은 12년 차 간호사이자 초보 엄마였던 저의 다사다난했던 임신, 출산, 육아 이야기입니다. 고작 두 명의 아이를 키웠을 뿐인데 이렇게나 많은 일을 경험했다니 싶을 정도로 다양하게 벌어진 사건과 사고, 그리고 많은 엄마들이 궁금해하지만 너무 사소한 것 같아 '의사 선생님께 묻기 어려운 질문'에 대한 이야기를 담았습니다. 이와 더불어 행복한 아이로 자라길 바라는 마음으로, 하고 있는 저의 육아법들을 담았어요.

처음으로 어린아이를 책임지는 보호자가 되어 모든 것이 낯설고 어려운 초보 엄마, 아빠에게, 나만 이렇게 허둥대고 허덕이는 것 같아 자신감이 떨어지고 있는 엄마, 아빠에게, 지금도 여전히 허둥대고 자책하면서도 아이와 함께 성장하고 있는 제 이야기가 작게나마 위로와 도움이 되길 바랍니다.

차례

1부. 엄마가 되는 길은 험난해
_임신 · 출산 편

2부. 간호사 엄마도 아이가 아프면 당황스러워

_육아 편

3부. 이론을 많이 알면 육아에 도움이 될까?

_간호사맘의 실전육아법

1부

엄마가 되는 길은
험난해

- 임신 · 출산 편 -

진짜
임신이야?

_임신 증상

결혼 전 저희 부부는 가족계획에 대해 미리 이야기를 나눴습니다. 가능하다면 세 명의 아이를 낳고 싶어 피임을 하지 않기로 했고, 막내 아이가 만으로 세 살이 될 때까지는 엄마인 제가 가정 보육을 하기로 했지요. 하지만 임신이 마음먹는다고 되는 게 아닌지라 저는 결혼 준비와 함께 이직을 하게 되었습니다.

결혼 후 한 달간은 신혼을 만끽할 새도 없이 새 직장에 적응하느라 늘 야근을 하고 피곤에 찌들어 있었습니다. 그렇게 정신없이 바쁜 날을 보낸 지 3주쯤 되었을 때 유난히 속이 더부룩한 것을 느꼈습니다. 그리고 슬픈 뉴스를 보거나 감동적인 광고만 봐도 툭하면 눈물이 쏟아졌지요. 아마도 일이 버거워서 몸이 힘든가 보다 생각하며 남편에게 말했더니 남편이 "임신 아니야? 허니문 베이비!" 하고 장난을 쳤습니다. "임신이 그렇게 쉽게 될 리가 없지." 하고 웃어넘겼지만 시간이 지나도 더부룩한 속이 가라앉지 않자, 남편이 혹시 모른다며 임신테스트기를 사왔습니다.

　임신을 엄청나게 기다린 것은 아니었지만 어린 나이도 아니었기 때문에 남편의 설레발에 함께 마음이 들뜬 것도 사실이었습니다. 그런데 검사를 하자마자 선명하게 두 줄이 나왔습니다. 설명서에는 5분 이상 기다리라고 했는데, 너무 빠르게 선명한 두 줄이 나오니 결과가 믿어지지 않았습니다. 결과를 의심하는 저를 위해 다음 날 남편이 세 종류의 임신테스트기를 사와 다시 검사를 하였고, 세 개 모두 두 줄이 나왔습니다. 아이를 기다리긴 했지만 예상하지 못한 결과라 실감이 나지 않아 그날 바로 퇴근 후에 산부인과에 들렀습니다. 의사 선생님은 초음파로 아기집을 확인하며 현재 4주 정도 되었으니 2주 뒤 심장 소리를 들어 봐야 마음을 놓겠다고 하셨지요.

　임신 사실이 기뻤지만 쉽게 주변에 알릴 수는 없었습니다. 예전에 간호사 친구가 무리한 근무로 첫 아이를 잃는 것을 봤기 때문입니다. 당시에 제가 하고 있던 일은 육체적으로 무리가 가는 일은 아니었지만 잦은 야근에 스트레스가 심했기 때문에 섣불리 임신을 알렸다가 온 가족이 실망하게 될까 염려되었습니다. 직장에도 심장 소리를 듣고 나서 알려야겠다고 생각했지요. 하지만 마음으로는 기대하지 말자, 너무 기뻐하지 말자 하면서도 머리로는 출산예정일을 세고 있었습니다.

　여전히 바쁜 날들이 지나고, 드디어 임신 6주경, 남편과 함께 병원을 찾았습니다. 눈물이 나면 어쩌나 염려했는데, 콩알처럼 작은 녀석의 튼튼한 심장 소리를 듣고 나니 알 수 없는 책임감에 오히려 마음을 다잡게 되었습니다. 단 한 번도 살면서 경험해 본 적 없는 '엄마'라는 사람이 된다는 사실이 실감나지 않았지만, 저희 부부를 믿고 배 속에서 자라고 있는 아이에게 든든한 '부모'가 되어 주고 싶어졌습니다.

임신,
무엇을 조심해야 할까요?

임신 증상 중 일부는 생리 전 증후군이나 감기 증상과도 비슷합니다. 그러다 보니 임신을 빠르게 눈치채지 못하는 일이 생기곤 합니다. 나중에 임신인 것을 알고, '단순한 감기인 줄 알고 약을 먹었는데.' '얼마 전까지 술 마셨는데.' 하며 걱정하는 분도 꽤 많습니다. 반면에 '임신테스트기에서는 아니라고 나왔는데.' 하는 분들도 있지요.

왜 임신테스트기에서 비임신으로 나왔을까요?

임신을 하게 되면 일명 임신 호르몬이라고 하는 hCG(융모성선자극호르몬)의 수치가 올라갑니다. 이는 혈액과 소변으로도 확인이 가능하여, 소변에 있는 hCG 농도를 측정해서 임신 여부를 확인하는 것이 임신테스트기입니다. 소변의 hCG는 수정 후 2주경 측정이 가능한 정도가 되지만, 개인에 따라, 테스트 시기에 따라 농도 차이가 나서 비임신으로 나올 수 있습니다.

일반적으로 임신테스트기는 생리 예정일 이후, hCG가 가장 많이 농축되어 있는 아침 첫 소변으로 검사를 하는 것이 가장 정확합니다. 하지만 조기진단 제품들은 생리 예정일 4~5일 전에도 확인할 수 있다고 합니다. 물론 가장 정확한 것은 병원에서 시행하는 혈액검사, 소변검사, 초음파검사입니다.

🔵 임신인 줄 모르고 먹은 약, 술, 담배, 괜찮을까요?

임신은 월경일 기준으로 주 수를 측정하므로 임신 4주가 수정 후 약 2주가 됩니다. 그때는 아직 수정란이 태아가 되기 전의 세포 상태로 존재할 때입니다. 이때까지를 'All or none' 시기라고 합니다. 기형을 유발하는 뭔가가 들어왔다면 세포가 손상되어서 아예 유산되거나 또는 완전히 세포 손상으로부터 회복된다는 것이지요. 그래서 임신이 유지되고 있다면 크게 걱정하지 않아도 된다고 합니다. 하지만 평소 음주와 흡연을 즐기는 사람도 임신 중에는 중단해야 하며 복용한 약과 음주, 흡연 습관에 대해서는 산부인과 진료 시 알려야 합니다.

🔵 늘어나는 질분비물, 질염일까요?

임신을 하게 되면 호르몬의 분비가 늘어나고 임신을 유지하기 위해 골반 주변의 혈액순환이 활발해지면서 점막 생성이 늘어나서 질분비물이 늘어납니다. 하지만 정상적인 분비물인 경우 색이나 냄새가 없고 가렵지 않습니다. 만약 비정상적 양상을 보인다면 산부인과 진료 후 치료가 필요합니다. 간혹 물 같은 분비물이 나오기도 하는데, 중기 이후일 경우 양수가 새는 것일 수도 있기 때문에 바로 확인을 받아야 합니다.

🔵 따끈해서 좋다고요? 너무 뜨겁지 않게 조심해야 해요!

몸이 무거워지면 저절로 따끈한 물에 몸을 담그고 싶지요. 하지만 임산부의 체온이 40도를 넘으면 태아의 뇌신경 발달에 나쁜 영향을 미칠 수 있기 때문에 뜨거운 통목욕과 사우나는 피해야 합니다. 마찬가지로 덥고 습한 환경에서 시행하는 운동도 좋지 않습니다. 또 수압으로 인체에 상해가 일어날 위험이 있는 스쿠버다이빙 같은 운동도 위험합니다.

💊 입덧은 언제 시작해서 언제 끝나나요?

입덧은 임신 초기에 나타나는 정상적인 증상으로, 일반적으로 임신 6주경 발생해서 12~14주에는 없어집니다. 간혹 예민한 분들은 임신 3~4주경 시작해서 출산 직전까지 입덧을 하기도 합니다. 하지만 의학적으로는 16주 이후에 발생하는 입덧은 임신 후유증으로 분류한다고 해요. 임신 호르몬의 증가와 위액 분비 감소 때문으로 보긴 하지만 명확한 원인은 알려지지 않았습니다.

입덧의 증상은 메스꺼움, 구토, 체중감소, 식욕부진, 전신쇠약 등 매우 다양합니다. 주로 아침 공복에 심하기 때문에 아침에 침대에서 일어나기 전에 마른 크래커를 먹고, 잠들기 전에 고단백 간식을 섭취하는 것이 도움이 된다고 합니다. 하지만 개인차가 심하기 때문에 본인이 가장 편한 상태를 찾는 것이 좋습니다. 그리고 필요하다면 산부인과 주치의를 통해 입덧완화제를 처방받을 수 있습니다.

만약 심한 구토 증상이 지속되고 체중감소, 수분과 전해질 불균형이 나타난다면 과한(비정상적인) 입덧이라고 봅니다. 상태가 심각하고 교정되지 않으면 태아가 충분히 자라지 못할 뿐 아니라, 태아와 임산부의 생명에 해를 끼치므로 진료를 보고 필요 시 입원 치료를 받습니다. 임신 중에 안전한 항구토제를 투약해서 구토를 멈추게 하고 수분, 전해질, 영양, 비타민 등을 수액으로 공급해서 적절한 영양을 제공합니다. 음식섭취량이 너무 적은 경우 태아의 상태를 확인하기 위해 심음을 자주 측정하고, 침상 안정(절대안정)을 취하며, 필요한 경우 정신과 상담을 제공하기도 합니다.

◀▶ 임신하고 나서 몸이 더 약해진 것 같나요?

임신은 새로운 생명체가 몸 안에서 자라는 과정입니다. 그래서 몸속 면역체계가 태아를 위협하지 않고 아기가 잘 자랄 수 있도록 우리 몸은 면역력을 낮춥니다. 또 하나의 생명을 만들기 위해 모든 장기가 열심히 일을 하기 때문에 무척 피로한 상태가 됩니다. 이렇게 임산부들은 체력과 면역력이 떨어져 있으므로 자주 충분한 휴식을 취하고 감염질환이나 건강에 각별히 유의해야 합니다.

아가, 왜 갑자기
움직이질 않는 거니?

_태동이 없을 때

　엄마의 스트레스와 감정이 태아에게 미치는 영향이 크다는 말을 많이 듣습니다. 저는 임신 중 이를 절실히 실감한 적이 있습니다.

　임신 초기까지 저는 일을 계속했습니다. 그런데 입덧이 심하기도 했고 매일 늦은 시간까지 야근을 하다 보니 몸이 많이 상했습니다. 그만두기엔 아까운 자리였지만 결국 남편과 상의하여 일을 그만두기로 했습니다. 대학 때부터 제대로 쉬어 본 적이 없어 실로 오랜만에 여유롭고 평안한 시간을 보냈습니다. 그리고 20주쯤, 아이가 꿀렁하고 인사를 하더군요. 그동안 입덧을 하면서도 몸이 힘들다고만 생각했지 임신을 체감하지 못했는데, 그 순간 '아, 내 안에서 아이가 자라고 있구나.' 하고 실감했습니다.

　그러던 어느 날, 오전 내내 태동이 느껴지지 않았습니다. 당시 임신 31주였는데 아침부터 오후가 되도록 움직임이 전혀 느껴지질 않았습니다. 평소에도 배를 뻥뻥 차대는 아이는 아니었지만, 오전 일과를 마무리하고 쉴 때나 음악을 듣고 있으면 틈틈이 "엄마, 나 여기 잘 있어요." 하고 안부를 전해 주는 편이었습니다. 그런데 점심을 먹고도, 오후가 되어서도 아무런 기척이 없으니 슬슬 불안한 마음이 들었습니다. 아이가 깨어 있다면 2시간 정도의 간격으로 태동이 느껴지는 것이 정상인데 반나절 이상 잠잠하니 단순히 자고 있나 싶으면서도 한편으로는 걱정이 되었지요. 그래도 피가 비치지도 않고 복통도 없으니 '무슨 일이 있는 것은 아니겠지. 유난 떨지 말고 침착하자.' 하고 생각하며 병원으로 전화를 걸었습니다. 산부인과에서도 "태동이 없는 것 외에 다른 증상이 전혀 없으니 아이가 자고 있거나, 자세가 달라져서 그럴 수도 있어요. 그래도 불안하면 병원에 와서 검사를 받고 가세요."라며 큰 문제가 아닐 거라 말했습니다.

오후 5시, 곧 진료가 끝나는 시간이었기에 '불안해하지 말고 초음파검사로 아이가 잘 있는 걸 확인하자.' 하고 생각하며 간단히 옷을 챙겨 입고 병원으로 향했습니다. 처음에는 심장 소리가 잘 들리니 걱정 말라며 웃던 의사 선생님이 이내 곤란한 표정을 지으며 말했습니다.

"음, 산모님. 계속해서 자극을 주고 아이를 깨워 봐도 움직임이 없네요."

순간 아무 생각이 나지 않았습니다. 당혹감, 공포, 그 어떤 말로도 형언하기 어려운 감정이 들었습니다. 그리고 첫아이를 잃고 울던 친구들의 모습이 떠올랐습니다.

사실, 그 당시 제가 친동생처럼 아끼는 동생이 어려운 일을 겪게 되어 극심한 우울과 허탈을 경험하고 있었습니다. 자존심이 세서 힘든 이야기를 다른 사람에게 못하는 동생은 마침 일을 하지 않고 쉬고 있는 제게 수시로 괴로운 이야기를 털어놓았습니다. 제가 힘들 때 힘이 되어 주던 동생이었기에 어려움을 외면할 수 없었습니다. 그 얘기를 거의 매일 듣다 보니 제가 겪은 일이 아님에도 가슴이 답답하고 울화가 치미는 극도의 스트레스를 받았습니다. 결국 너무 힘들어진 저는 동생에게 속내를 털어놓았는데 바로 그 다음 날에 벌어진 일이었습니다.

'어른들이 임신 중에는 좋은 말만 듣고 좋은 것만 보라고 한 데에는 이유가 있었어.' 하며, 제 스트레스가 모두 아이에게 간 듯해서 마음이 무너졌습니다. 이런 제 마음을 알았는지 선생님께서는 심음도 정상이고, 수축도 없으니 태동만 있으면 걱정할 게 없다며 분만실에서 태동을 좀 더 모니터 해보고 가자고 하였습니다. 분만실에 들어서니 간호사 선생님이 태동검사 기계를 부착하고는 조심스러운 말투로 "혹시 모르니 수술바늘을 꽂을게요."라고 말하며 정맥주사를 놓았습니다.

가만히 누워 오만 가지 생각과 감정으로 눈물을 삼키고 있는데, '툭' 하고 배 속에서 아이가 저를 건드렸습니다. 힘센 움직임이 아니었기에 긴장하며 누워 있으니 몇 분 안에 두어 번 더 태동이 느껴졌습니다. "아!" 그제야 숨이 크게 쉬어지며 눈물이 터져 나왔습니다. 네가 잘 있으니 되었다는 안도감이 들었습니다. 그리고 이제 정말 좋은 것만 보고 듣고 말하겠다고 다짐하고 또 다짐했지요.

임신 중 스트레스,
태아에게 영향을 미칠까요?

산부인과 병동 간호사로 근무를 했지만 임신, 출산과 관련한 응급 문제는 분만실에서 담당해서 잘 몰랐습니다. 병동에서 보는 부인과는 케이스가 다양하지만 산과는 과도한 입덧으로 입원한 임산부, 조산 위험 임산부 케어, 분만 전후 간호가 대부분이었지요. 그래서 예상치 못한 상황을 겪게 되니 무척 불안하고 두려운 마음이 들었습니다. 제가 알고 있는 태동에 대한 지식이 지금 상황과 부합하는지도 의심스러웠고, 정확히 어떻게 행동하는 것이 가장 현명한지 판단하기가 어려워지더군요.

태동에서 중요한 건 횟수가 아니에요

태동은 태아의 신경계와 근육이 발달하면서 나타나는 태아 움직임이 자궁벽에 닿아 엄마에게 느껴지는 것입니다. '엄마, 저는 잘 있어요.' 하고 아이가 보내는 신호 같은 것이지요. 일반적으로 마르거나 빠른 사람들은 16주쯤, 늦어도 20주쯤에는 태동을 느끼게 됩니다. 교과서적으로는 아이가 깨어 있다면 2시간 이내에 10회 가량의 태동이 있어야 한다고 하는데, 사실 이 횟수보다 태아가 평소에 어떤 움직임 패턴을 가지고 있느냐가 더 중요합니다. 태동이 적어도 양상이 평소와 같으면 괜찮고, 평소와 다르다면 유심히 관찰해야 합니다. 제가 걱정을 했던 이유도 평소 아침과 다르게 태동이 없었기 때문이었습니다.

정상인데 왜 태동이 없었을까요?

일반적으로는 잠깐 태동이 없더라도 임산부가 노력했을 때 2시간 이내에는 태동을 느낄 수 있어야 한다고 합니다. 그런데 아무 이상이 없는데도 태동이 줄어드는 경우가 있습니다. 태아가 자고 있거나, 태아의 위치나 손발의 위치가 바뀌어서 태동을 느끼기 어려운 경우가 그렇지요. 또 만삭이 되면 자궁 안이 태아의 크기에 비해 좁아 태아가 잘 움직이지 못해서 태동이 안 느껴지기도 합니다.

🔘 엄마의 스트레스가 태아에게 영향을 미칠까요?

과학저널 《사이언스 데일리》에서는 영국 에든버러 대학의 「임신 중 스트레스 호르몬과 신생아 뇌 구조 및 연결성에 대한 연구」를 토대로 영아의 뇌가 임신 중 엄마가 겪는 스트레스 수준에 영향을 받아 형성될 수 있다고 발표했습니다.★ 해당 연구에서는 임신 중 엄마의 스트레스로 인해 코르티솔이라는 호르몬 수치가 올라가면 신생아의 뇌 편도체 발달, 구조 형성과 연결성에 영향을 미칠 수 있다는 결론을 냈지요.★★ 저널에서는 편도체가 감정 조절, 공포나 불안에 영향을 미치는 부위인 만큼 아이의 행동 발달, 감정 조절에 영향을 줄 수 있다고 말합니다. 임산부와 태아, 영아를 대상으로 한 임상적 연구는 활발하게 이루어지기 어렵기 때문에 과학적으로 명확하게 단정할 수는 없지만, 스트레스가 태아에게 영향을 미친다는 것은 분명히 알 수 있는 부분이지요.

★ 「Stress in pregnancy may influence baby brain development」, University of Edinburgh, 《Science Daily》, 2020
★★ 「Maternal cortisol is associated with neonatal amygdala microstructure and connectivity in a sexually dimorphic manner」, David Q 외 10명 지음, 《eLife》, 2020

🔘 태동이 없어도 지켜봐도 되는 걸까요?

태동은 앞서 말한 것처럼 아이의 생존 신고 같은 것이기 때문에 태동이 없을 때 마냥 기다려서는 안 됩니다. 태동이 없다는 것은 태아가 저산소 상태이거나 자궁 내 사망을 의미할 수 있기 때문에 의도적으로 노력했음에도 상황이 나아지지 않으면 바로 산부인과에 연락하여 확인을 받는 것이 좋습니다. 특히 좀 지나치다 싶게 심한 태동 후에 갑자기 태동이 멈추거나 이후에도 움직임이 느껴지지 않는다면 바로 병원에 가거나 연락하여 상담해야 합니다. 아이와 엄마의 안전과 안녕이 가장 중요하기 때문입니다.

🔘 달콤한 음식을 먹으면 정말 태동이 많아질까요?

태동이 없을 때 달콤한 음식을 먹으면 태동이 생긴다는 말을 들어보셨나요? 달콤하거나 차가운 음식을 먹으면 태아가 활발히 움직인다는 말은 임신 선배들에게 많이 듣는 이야기지요. 한번은 산부인과 전문의 선생님께 달콤한 음식과 태동의 관계에 관해 여쭤었는데, 과학적으로 명확하게 확인된 것은 아니라고 합니다. 사실로 확인이 되려면 임산부와 태아를 상대로 많은 연구가 진행되어야 하는데 그렇게 하기 어렵기 때문이지요. 다만 평소 음식을 먹을 때 태동을 많이 느꼈던 임산부라면, 음식을 섭취하는 것이 도움이 될 수 있다고 합니다. 오히려 태동이 없을 때는 걷거나 계단을 오르는 것처럼 가벼운 운동을 하거나 편안한 상태로 쉬는 것이 도움이 된다고 합니다. 그리고 저혈당이나 고카페인 상태 등 임산부의 특정한 신체 상태는 태아의 움직임에 영향을 미칠 수 있다고 해요.

태교 여행에서 겪은
생애 첫 교통사고

_임신 중 교통사고

　임신 후 내심 기대했던 것은 태교 여행이었습니다. 출산 후에는 오붓한 시간을 보내기 힘들 것 같고, 더욱이 둘이서 단출하게 어디론가 떠날 일은 없겠다는 생각이 들었습니다. 그래서 아이를 낳기 전 가까운 지역으로라도 여행을 가거나, 하다못해 드라이브라도 자주 하자고 생각했지요. 하지만 심한 입덧과 멀미로 꼼짝할 수가 없었습니다.

　그러다 입덧이 멎고 몸이 좀 편해지면서 임신 23주경에 시부모님과 함께 탁 트인 바다가 있는 통영으로 여행을 가기로 했습니다. 아이를 낳고 나면 편하게 여행 다니기 힘들 테니 통영에서 마음껏 바다도 구경하고 맛있는 것도 먹으며 시간을 보냈지요. 즐거운 시간을 보내고 돌아오는 길, 갑자기 뒤에서 '쿵' 하는 소리와 함께 몸이 앞으로 세게 밀렸습니다.

　머리를 유리에 찧을 정도로 세게 박은 것은 아니었지만, 그 순간

밀리지 않으려고 손으로 대시보드를 잡고 온몸에 힘을 주며 몸을 지탱해야 했습니다. 내려 보니 차의 뒤 범퍼가 찌그러져 있었습니다. 뒤차의 운전자가 핸드폰을 보다가 낸 사고였습니다. 저희 차를 발견하고 브레이크를 급하게 밟았지만 너무 가까워 사고를 낸 것이었지요. 사고 직후 보험 처리를 하기로 하고 돌아오는 길에 뒷자리에 타고 계셨던 시어머니는 허리와 목이 불편하다고 하셨지만, 저는 특별한 불편감이 없었습니다. 다만 배 속의 아이에게 제가 알아채지 못한 위험이 있을지 몰라 걱정스러운 마음이 들었습니다.

다음 날 산부인과에 들러 초음파를 보면서 태아에게 특별한 이상은 없어 보인다는 말을 듣고 마음을 좀 내려놓을 수 있었습니다. 하지만 혹시라도 배가 뭉치거나 피가 비치면 바로 병원에 오라는 안내를 받았지요. 의료진도 교통사고의 여파가 태아에게 남아 있는지 아닌지를 당장 확인할 수는 없기 때문이라고 했습니다. 만약 교통사고 후유증으로 치료가 필요하다면 가능한 치료는 받아도 된다고 했습니다.

그런데 그날 오후부터 서서히 손목과 허리에 통증이 느껴지기 시작했습니다. 결국 저는 교통사고의 후유증은 심각할 수 있다는 말에 지역에서 교통사고로 유명한 한의원을 찾았습니다. 한의사 선생님은 골절은 아닌 듯하며 임신 중이라서 X-ray를 포함한 영상검사가 안전하지 않으니 한약과 물리치료만 받는 게 어떻겠냐고 하셨습니다. 하지만 저는 임신 중 양약을 포함한 모든 약 복용에 회의적인 입장이고, 받을 수 있는 물리치료도 제한적이라 아무런 조치도 취하지 않기로 했습니다. 그래서인지 임신 기간 내내 손목 통증, 오른손 3, 4, 5번 손가락의 저림과 늘 마취가 되어 있는 것 같은 감각 이상이 있었고, 심한 요통으로 고생을 해야 했습니다. 신경외과나 정형외과에도 내원해 봤지만 임신 중이라 특별히 할 수 있는 것이 없었시요.

임산부도 교통사고가 나면
치료를 받을 수 있나요?

교통사고는 언제나 예상치 못하게 일어나기 때문에 누구에게나 위험한 일입니다. 하지만 임산부는 한 생명이 또 다른 생명을 품고 있기 때문에 더욱 조심해야 하고 사고 후 면밀한 관찰이 필요하지요. 임신 확인 후 보건소에 등록하면 받는 차량용 임산부 스티커와 임산부 고리를 평소 차량과 늘 소지하는 가방에 부착하면 좋습니다. 만약 배가 나오지 않아서 외관상 임산부임이 확인되지 않아도 사고가 발생했을 때 구조를 해주시는 분에게 좋은 지표가 되어 주기 때문입니다.

교통사고가 났을 때, 임산부의 치료가 어느 정도까지 가능했는지 제 경험과 당시 전문가에게 상담받은 내용을 바탕으로 알려드리고자 해요.

🔵 임신 중 교통사고, 먼저 산부인과로 가세요

심한 교통사고가 나면 당사자가 결정하기 전에 이미 구급차를 타고 병원으로 이송되지만, 특별한 골절이나 외상이 없을 때는 개인이 직접 병원을 선택해서 가게 됩니다. 그런 경우 어디를 먼저 가야 할지 애매하지요.

산부인과는 임산부에 대한 전체적인 부분을 진료하기 때문에 먼저 산부인과에 들르시기를 추천합니다. 그리고 배 뭉침, 출혈, 복통 등의 증상에 대해 상세히 이야기해야 합니다. 초음파나 관련 검사로 태아의 이상 여부를 확인받고 나면 추후 진료나 치료에 대한 상담이 수월해집니다. 그리고 교통사고 치료 계획을 논의하여 어느 정도까지 치료가 가능한지 미리 확인받을 수 있습니다. 그 후 불편감이 있는 신체 부위 전문병원으로 가세요. 만약 종합병원이나 대학병원 산부인과 진료를 받고 있다면 치료가 필요한 과로 협의 진료를 의뢰해 줍니다.

🔵 사고 부위 영상을 찍게 된다면 임산부임을 밝히세요

교통사고가 나면 주로 영상검사로 미세 골절이나 다른 문제가 생긴 것은 아닌지 확인을 하게 됩니다.

X-ray와 CT는 방사선을 이용해서 촬영하기 때문에 임산부의 복

부, 허리 부분은 시행하지 않습니다. 그 외 부위에 X-ray 촬영이 꼭 필요한 경우에는 태아를 방사선으로부터 보호하기 위해 복부에 보호대를 착용하고 검사를 시행합니다.

CT나 MRI는 조영제가 들어가는 검사와 들어가지 않는 검사로 구분할 수 있는데, 대부분은 조영제를 사용해서 검사를 합니다. 조영제가 원하는 부분을 명확하게 보여 주는 역할을 하거든요. 하지만 조영제도 약물이고 임산부에 대한 안전을 확신할 수 없어서 조영제 없이 촬영하기도 합니다. 영상검사를 반드시 시행해야 하는 경우 의료진이 안전한 방법을 제시할 수 있도록 반드시 임산부임을 알려야 합니다.

◖▨▸ 물리치료를 받아도 될까요?

교통사고로 받는 물리치료에는 온열치료, 전기치료, 도수치료가 일반적입니다. 온열치료는 피부 표면에 열을 가하는 표층열 치료와 피부 속 깊이 열을 가하는 심부열 치료가 있습니다. 온열치료는 일반적으로 임산부에게 위험이 없지만, 통증 부위가 복부, 골반, 허리라면 심부열 치료는 추천하지 않는다고 해요. 열이 자궁으로 전달되면 태아에게 영향을 끼칠 수 있기 때문입니다. 그리고 전기치료, 저주파·고주파치료, 미세전류 검사 및 치료는 웬만해서는 임산부에게 권하지 않습니다. 손끝, 발목 같은 경우는 괜찮다고 하시는 분들도 있더라는 글도 보았지만, 제가 만난 선생님들은 모두 안전성을 확신할 수 없다며 출산까지 좀 참자는 의견을 주셨습니다.

　도수치료는 물리치료사가 맨손으로 틀어진 체형이나 관절을 바로잡아 주는 치료로 대부분 임신 중인 몸에는 부담이 될 수 있어 잘 시행하지 않고, 시행한다 해도 가볍게 진행되어야 합니다.

⬤ 한약과 침 치료, 받아도 되나요?

　교통사고로 한의원에 가면 일반적으로 한약 복용과 침 치료를 권유받습니다. 진료를 볼 때 임신 중임을 미리 알려야 하고, 한약은 임산부에 맞춘 처방으로 받아야 합니다. 침 치료는 임산부에게도 안전하다고 합니다. 하지만 임신 주 수나 상태에 따라 어떤 자세로 얼마 동안 있어야 하는지를 미리 확인한 후 한의사 선생님과 상의하에 진행해야 합니다.

⬤ 임산부는 치료를 못 받는데, 교통사고 보험 처리는 어떻게 되는 걸까요?

　제가 가장 곤란하고 고민했던 부분입니다. 저는 아무런 검사와 치료도 받을 수가 없는데 보험을 얼른 처리해 줘야 하는지 고민이 되었거든요. 상대 차량의 보험사는 대기업의 유명 보험회사였는데, 저의 통증 상태와 임산부인 상황을 설명하고 병원에서 받은 '당장은 검사 및 치료가 불가하고 출산 후에 하기를 권장한다'는 의견을 전달하니 출산 때까지 검사 및 치료를 기다려 주었습니다. 일반적으로 교통사고 후 6개월간 아무런 치료가 없다가 이후 갑자기 치료받는 것은 교통사고 때문이라는 인과관계가 성립되기 어려워서 보상을 받기 어렵지만 미리 상황을 고지하면 대부분의 보험회사가 상황을 이해하고 기다려 준다고 합니다.

　교통사고는 작든 크든 몸에 충격이 가해지기 때문에 사고를 당하지 않는 것이 가장 좋지만, 일단 사고가 나면 임산부라고 해서 아무 것도 할 수 없다고 절망하지 말고, 받을 수 있는 검사와 치료를 상의하고 확인해서 진행해야 합니다. 배 속에 태아도 소중하지만, 그 아이를 품고 키워 내야 하는 임산부의 몸도 소중하니까요.

이 약은 사용해도
되는 걸까요?

_임신 중 약물처치

과거 인기리에 방영되었던 의학드라마에서 오랜 시간 기다렸던 임신 소식과 동시에 암 진단을 받은 사람의 에피소드가 나왔습니다. 극 중 부부는 아이를 지키기 위해 암 치료를 미룰 것인지 아니면 임신을 종결하고 암 치료를 할 것인지 고민하던 중 다행히 검사 후 암 치료와 임신 유지가 모두 가능한 방법을 찾게 되지요.

그런 드라마틱한 경우는 흔치 않지만 이 에피소드를 본 임산부들은 모두 안타까워하며 공감했을 것입니다. 그 무엇보다 태아의 안위를 우선하는 마음을 잘 알고 있으니까요.

사실 임신을 하게 되면 흔하게 먹던 진통제조차 맘 편히 먹지 못하게 됩니다. 감기에 걸리거나 체한 정도는 그저 견딥니다. 병원에 가면 임신 중에 먹을 수 있는 약을 처방받을 수 있음에도 말이지요.

저는 평소 약을 잘 안 먹는 사람이었습니다. 어느 정도의 통증이나 소화불량은 그냥 견디는 편이었지요. 그러다 보니 임신한 뒤 어떤 약이 괜찮고 어떤 약이 위험한지 잘 모르겠더군요. 그래서 임신 중기에 심하게 체해서 깨질 듯한 두통과 메스꺼움에 온몸을 덜덜 떨면서 계속 토하고도 그저 견뎠습니다.

이후 산부인과 정기검진 때 어떤 소화제가 괜찮을지 몰라서 그냥 금식하고 견뎠다고 말했을 때 의사 선생님으로부터 얼마나 혼이 났는지 모릅니다. 직업도 간호사라 알 만한 분이 왜 합리적인 방법을 찾지 않고 무작정 굶고 참느냐고 하셨지요. 임산부의 스트레스와 영양 부족은 태아에게도 나쁜 영향을 준다면서 말이지요.

의사 선생님의 말씀에 얼굴이 화끈거리면서도 아기를 가지면 조심스러워지는 건 어쩔 수 없는 것 같다고 생각했습니다. 하지만 이런 저도 마냥 견디기만 할 수는 없는 사건이 있었습니다.

둘째를 임신하고 38주쯤, 전날 심한 체기로 모두 토한 탓에 아침이 되고도 기운이 없어서 오랫동안 누워 있다가 겨우 일어난 날이었습니다. 남편은 그런 제가 안쓰러워 아침을 차려 주겠다고 했지요. 제가 식탁에 앉자 남편이 속이 따뜻해야 한다며 팔팔 끓인 미역국을 가져다주다가 식탁 의자에 팔이 걸리면서 제 허벅지에 국을 쏟고 말았습니다. "으악!" 하는 비명이 저절로 터져 나왔습니다. 기운이 없었는데도 식탁 의자에서 펄쩍 뛰며 저절로 일어날 정도로 뜨겁더군요. 황급히 바지를 벗었는데 그새 생긴 물집이 바지에 달라붙었던지 바지가 벗겨지며 모두 터져 버렸습니다. 물집이 터진 자리는 피부가 드러나기 때문에 세균 감염 위험이 높아 망설여졌지만, 화기를 빼는 게 먼저라고 생각해서 욕실로 가서 물줄기를 약하게 하여 허벅지에 찬물을 흘려보냈습니다. 제가 찬물로 덴 곳의 열기를 식히는 동안 남편은 저를 보고 미안해하며 어쩔 줄 몰라 하고 있었지요.

출산을 2주 앞두고 화상이라니, 생각지도 못했던 상황에 당황스러웠지만 성형외과 병동에서 근무할 때 본 화상 환자들에 비하면 제 화상은 심한 정도가 아니라고 생각되었기 때문에 마음을 편하게 먹기로 했습니다. 마침 일요일이라 병원은 갈 수가 없고, 응급실에 갈 정도는 아닌 것 같아 상처가 덧나지 않게 잘 보존한 뒤 내일 병원에 가자는 생각으로 일단 드레싱만 하기로 결론을 내렸습니다.

일요일에 여는 약국을 찾기 위해 몇 군데 전화를 걸어 임산부가 사용할 수 있는 화상 연고가 있는지 문의했습니다. 화상 연고가 임산부에게 괜찮은지 확신하기 어렵다는 곳과 어차피 소량 흡수라 임산부도 괜찮으니 그냥 사가라는 곳이 있었습니다. 약사님의 의견이 다르니 어떤 것을 선택해야 할지 확신이 서지 않았습니다. 고민을 하다가 가장 가까운 약국에 들러 식염수와 화상용 드레싱 밴드를 사왔습니다. 대부분 상처가 나면 베타딘 소독을 해왔지만 화상 부위에는 식염수로 씻어 내는 정도가 좋다고 알고 있었기 때문에 상처 부위에 식염수를 흘려보내고 소독 거즈로 닦아 낸 후 드레싱 밴드를 부착했습니다.

다음 날 일찍 화상전문병원에 들러 상황을 설명하고 진료를 받았습니다. 의사 선생님께서 상처 소독을 무척 깨끗하게 해왔다며 칭찬을 해주셨지요.

"연고는 국소적으로 사용하는 데다 일부만 흡수되니까 임산부도 사용해도 괜찮아요. 더욱이 38주면 거의 출산 직전이라 약이 좀 통과된다고 해도 아이에게 해로울 것 같진 않아요. 그런데 사실 저희 와이프가 이틀 전에 애를 출산했거든요. 와이프가 다쳤을 때 저도 웬만하면 약 안 바르게 되더라고요. 그래서 환자 분만 괜찮으시면 매일 와서 소독받으시는 게 좋겠습니다. 소독이 다 끝나고도 처음에는 약간 거뭇하게 착색되어 있겠지만, 6개월쯤 지나면 흔적도 없이 나을 거예요."

마침 선생님께서 임신 때문에 약물 사용이 망설여지는 마음과 출산을 앞두고 치료받는 마음을 아시고 매일 주의 깊게 확인하고 소독해 주셨습니다. 그 덕분에 출산 전에 약물 사용 없이 치료를 마쳤고, 지금은 흔적도 없이 깨끗이 나을 수 있었습니다.

헷갈리는
사용해도 되는 약과
안 되는 약

　임신 중에 사용해도 안전하다고 공표된 약은 매우 적습니다. 아무래도 임산부나 태아를 상대로 임상실험을 할 수 없기 때문에 아주 장기간에 걸쳐서 경험적으로 임산부와 태아에 문제가 없다고 확인된 약들만 안전하다고 하기 때문이겠지요. 일반적으로는 성인이 약을 먹으면 간과 신장에서 해독을 하게 되는데, 배 속의 태아는 약물을 해독할 장기가 미숙합니다. 그래서 해를 끼칠 수 있는 성분이 들어오게 되면 태아의 조직에 축적되어 치명적인 결과를 유발할 수 있습니다. 이렇게나 조심스러운 약물 사용을 안 하자니 괴롭고, 하자니 걱정되는 상황에서 어떻게 하면 좋을까요?

🔘 지속적으로 먹는 약이 있는데, 임신이 되었어요!

장기간 복용하는 약에는 혈압약, 호르몬제, 당뇨병 약, 신경과 약, 피부과 약, 정신과 약 등 종류가 매우 다양합니다. 그런데 임신을 하고 나면 먹던 약의 성분과 용량을 변경해야 하는 경우가 많고, 특히 임신 초기인 4~10주경에는 주요 기관이 형성되기 때문에 이 기간 동안의 약물 복용은 각별히 유의해야 합니다. 그러므로 지속적으로 먹는 약이 있는데 임신을 준비 중이거나, 임신이 확인되었다면 반드시 산부인과 전문의 및 해당 과의 전문의와 상담하여 약을 조절받아 안전하게 복용해야 합니다.

🔘 임산부에게 약이 안전한지 알아보는 방법

저는 병원에서 근무할 때 '드럭인포(https://www.druginfo.co.kr/)' 사이트나 병원 내 전산 시스템에 있는 약제 자료로 약을 확인하곤 했었습니다. 지금은 누구나 포털 사이트에 약명을 검색하면 약에 대한 상세한 성분명, 약효, 용법, 주의 사항, 임부 금기 등급 등을 확인할 수 있습니다.

임부 금기 등급은 과거 FDA(미국 식품의약국)에서 태아에 대한 위험도에 따라 A, B, C, D, X, 5가지 등급으로 분류한 것을 꽤 오랜 시간 사용해 왔습니다. A 등급은 가장 안전하고, X 등급은 사용하면 안 되는 약입니다. 하지만 미국에서는 FDA 등급이 최신 자료가 반영되지 않고 여러 허점이 있다고 생각해서 현재는 사용하지 않고 서술형으로 위험성을 고지하는 것으로 변경하였다고 합니다. 우리나라도 임부 금기 성분을 등급을 나누어 고시하고 있습니다.

1등급	사람에서 태아에 대한 위해성이 명확하고, 약물 사용의 위험성이 치료상의 유익성을 상회하는 경우로 원칙적으로 사용 금지
2등급	사람에서 태아에 대한 위해성이 나타날 수 있으며, 약물 사용의 위험성이 치료상의 유익성을 상회하는 경우로 원칙적으로 사용 금지. 다만 치료상의 유익성이 약물 사용의 잠재적 위험성을 상회하거나 명확한 임상적 사유가 있어 사용하는 경우에는 예외

출처 : 한국의약품안전관리원

주로 1등급에는 FDA의 X등급, 2등급에는 FDA의 C, D 등급 약들을 확인할 수 있는데, 이렇게 일일이 찾아봐도 먹어도 되는지 확인이 어려울 때가 있습니다. 이때에는 '한국 마더세이프(http://mothersafe.or.kr/)'라는 임산부약물정보센터가 유용합니다. 2010년 보건복지부 사업의 일환으로 개소하여 믿을 수 있고, 임신 준비 중, 임신 중, 수유 중인 사람들을 대상으로 선진국의 기형 유발 물질 정보 서비스에 기초하여 상담해 주기 때문에 가장 최신의 정확한 정보를 얻을 수 있습니다. 전화 또는 홈페이지를 통해 상담을 요청할 수 있고, 상담은 모두 무료로 진행됩니다. 오전 9시부터 오후 5시까지 운영되고 공휴일은 운영되지 않습니다.

⬮ 갑자기 약이 필요할 때

① 고열, 두통 : 아세트아미노펜

임신 중에 가장 흔하게 복용하게 되는 약 중 하나이지요. 타이레놀로 가장 많이 알려진 아세트아미노펜은 아주 오랜 기간 임산부에게 처방되어 왔습니다. 그만큼 현재까지는 고열이나 통증에 가장 안전하게 복용할 수 있는 약으로 알려져 있습니다. 하지만 개인마다 차이가 있기 때문에 자주 임의로 복용해선 안 되고 반복적으로 필요시 전문의와 상의해야 합니다. 아세트아미노펜 외의 해열진통제는 대부분 NSAID 계열(비스테로이드 소염진통제)로 태아에게 신장 문제를 일으킬 수 있어 임신 20주 이후에는 사용하지 않습니다.

② 소화불량, 급체 : 소화효소제

약국에서 임산부라고 밝히고 소화제를 달라고 하면 약사님들마다 생약은 괜찮다며 한방 소화제를 주거나, 소화제는 모두 괜찮다고 하거나, 완전히 안전한 약은 없으니 병원에 가서 처방받으라고 할 만큼 다양한 견해가 있는 약제입니다. 일반적으로 소화제는 임산부에게 아주 위험하다고 고지된 약물은 아닙니다. 하지만 동물실험에서 독성이 나타나거나 임부 주의 약물로 분류되는 약들이 있기 때문에 쉽게 먹어도 되는 약제도 아닙니다. 특히 속이 더부룩할 때 사람들이 찾는 생약 성분의 드링크 제제에는 현호색이라는 자궁수축을 유발할 수 있는 성분이 들어 있어 주의를 요한다는 기사가 나기도 했었지요. 알약으로 된 유명 소화제들은 병원에서 임산부에게 처방해 주기도 하지만 어떤 약들은 임부 주의 약물로 분류되어 있어 가급적 다니고 있는 산부인과에서 진료 후 약을 처방받아 복용하는 것이 좋습니다.

③ 상처가 났을 때 : 연고

약국에 가면 연고는 스테로이드 연고를 포함하여 국소적으로 작용하는 것이 대부분이어서 큰 문제가 없다고 설명합니다. 하지만 화상을 입었을 때 경험한 바로는 약사님마다 의견이 다르고 화상전문병원 원장님은 연고 없이 치료하기를 권했기에 연고 역시 병원 진료 후 사용하는 것이 좋다고 생각하게 되었습니다.

이런 특수한 연고 외에 일반적으로 사용하는 상처 연고는 이전에 알레르기 반응이나 과민반응을 보이지 않았다면 일시적으로 국소 도포하는 것은 문제가 없다고 합니다. 하지만 만약 장기적으로 꾸준히 발라야 하는 약이라면 반드시 산부인과 의사와 상담하여 사용 여부를 결정해야 합니다.

④ 몸이 쑤실 때 : 파스

파스 역시 국소적으로 사용하니 괜찮다는 의견과 성분이 혈액을 타고 전신으로 퍼지기 때문에 주의해야 한다는 의견이 있습니다. 하지만 파스에 포함된 진통제가 NSAID 계열이고, 파스에 있는 성분이 태아의 동맥관 폐쇄에 영향을 미칠 수 있기 때문에 20주 이후에는 사용하지 않는 것이 좋습니다.

⑤ 감기, 독감 : 의사에게 처방받은 약

종합감기약에는 다양한 성분이 포함되어 있어 임신 중에 종합감기약을 사먹는 것은 위험합니다. 임산부에게도 안전한 항생제, 해열제가 있기 때문에 체력이 저하되고 열나는 감기라면 병원에서 약을 처방받아 증상을 완화시키고 치료를 해야 합니다. 고열을 참는 것이 태아에게 오히려 해롭기 때문입니다.

임산부가 독감에 걸리면 약 복용의 위험성보다 치료의 필요성이 더 크기 때문에 일반적인 경우와 동일하게 타미플루를 처방받고, 처방받은 5일치를 모두 복용해야 합니다.

💊 반드시 피해야 할 약

① 피부과 약

피부과 약이 독하다는 말을 참 많이 합니다. 피부에 관련된 약이 모두 문제가 있는 것은 아닙니다. 하지만 여드름이나 습진, 건선치료제로 알려진 약들 중 태아에게 큰 해를 끼치는 약이 있기 때문에 임신을 준비 중이거나 임신을 확인했다면 피부과에서 상담을 받는 것이 좋습니다.

② 남성형 탈모 치료제

프로페시아라는 남성형 탈모 치료제는 알약을 뜯기 전에 여성은 만지는 데 주의하라고 되어 있어 의아했던 적이 있습니다. 그 약의 성분인 '피나스테리드'를 임산부가 만지거나 가루가 호흡기로 들어가면 태아가 남아인 경우 생식기에 문제가 생길 수 있다고 합니다. 남성형 탈모 치료제니 먹을 일은 없겠지만, 만졌다면 닿자마자 손을 씻고 한 달간은 임신을 피해야 한다고 합니다.

출산하는 시기와 방법은
아기가 정하는 거래요

_출산

    과거 고부간의 이야기를 다룬 한 예능에서 굉장히 이슈가 된 에피소드가 있었습니다. 제왕절개로 첫아이를 출산한 며느리에게 시아버지가 병원에서의 권고에도 불구하고 둘째 아이를 자연분만으로 낳기를 권하는 장면이 전파를 타면서 많은 시청자의 분노를 산 것인데요. 사실 일반적으로 모든 분만은 자연분만이 원칙이지만 제왕절개를 해야 하는 몇 가지 경우에 해당될 때에는 먼저 수술을 권하게 됩니다. 그래서 원칙적으로 분만 방법은 선택하는 것이 아니라 임산부와 태아의 상태를 관찰해 가며 의논하여 결정됩니다.

    저는 첫아이 출산 때 예정일을 4일 앞두고 초음파상 양수가 적어진 것이 발견되어 양수과소증으로 유도분만을 위해 입원을 하게 되었습니다. 저 스스로 자연분만을 원했기에 3일 동안 유도제를 맞으며 마지막 날엔 극심한 진통에 기절하기도 하면서 노력했지만, 양수가 적고 아이가 내려오지 않아서 결국 수술을 하게 되었습니다. 진통은 진통대로 겪고, 수술 부위의 통증까지 겹쳐 이중고로 힘들었지만, 그렇게 만난 아이는 너무나 예쁘더군요. 하지만 학생 때부터 시작하여 산부인과 간호사로 근무하면서 쭉 제 머릿속에 각인된 자연분만의 장점을 놓쳤다는 사실에 예쁜 아이를 건강하게 출산한 이후에도 내내 아쉬웠습니다.

그래서 저는 둘째를 임신했을 때 이번에는 반드시 자연분만에 성공해 보리라 다짐했습니다. 하지만 제왕절개로 출산한 경험이 있는 임산부가 자연분만을 하는 브이백(VBAC)은 꽤 위험해서 모든 산부인과와 전문의가 시행하진 않습니다. 한 번 절개했던 자궁이 진통에도 파열되지 않고 출산을 견뎌 내야 하기 때문에 임산부와 태아가 건강하고 난산의 우려 없이 자연분만이 가능한 경우에만 시행합니다.

물론 저는 산부인과에 근무하며 브이백의 위험성에 대해 잘 알고 있었지만, 안 하고 후회할 바에야 해보고 고생하자는 마음으로 여러 병원에서 상담을 받았습니다. 그래서 응급처치가 가능한 병원에서 브이백이 가능한 선생님을 찾아 출산을 준비했습니다. 그리고 순조롭게 분만이 진행될 수 있도록 틈틈이 걷고 운동도 많이 했습니다.

그런데 출산을 2주 앞둔 정기검진 때 선생님께서 조심스럽게 이전 의무기록을 다 봤다며 말씀을 꺼내셨습니다. 진통을 오래 하다가 수술을 하면 자궁벽이 얇아져 있는 상태에서 절개하고 봉합을 하기 때문에 진통 없이 제왕절개를 했던 사람보다 자궁파열의 위험이 훨씬 크다며, 브이백을 포기하자고 하셨지요. 아쉬워하는 저를 달래기 위해 자연분만의 단점을 일일이 나열해 주셨습니다. 사실은 브이백을 하는 것에 대해 양가 부모님의 염려가 많았던지라 고민이 있었는데, 전문의가 확실하게 수술을 해야 한다고 말씀해 주시니 오히려 포기하는 마음이 가벼웠습니다. 그래서 첫째 때 진통 끝에 울면서 제왕절개를 결정했던 때와 달리 마음 편히 제왕절개를 하기로 결정할 수 있었습니다.

자연분만 vs 제왕절개

　출산 계획은 병원을 정하면서부터 시작됩니다. 무통이나 촉진제 없이 진행하고 싶은 분들은 자연주의 출산 병원을, 노산이거나 난산의 경험이 있는 분들은 전문병원이나 대학병원을 고르곤 합니다. 하지만 임신과 동시에 주치의와 출산 방법을 논의하는 경우는 거의 없습니다. 방법이 무엇이든 태아가 튼튼하게 잘 자라서 건강하게 태어나는 것이 가장 중요하기 때문이지요. 출산하는 방법은 임신 중에 나타나는 여러 가지 상황과 산모와 태아의 상태에 의해 결정됩니다.

　이 책에서는 분만의 방식에 따라 진행되는 과정 및 장단점에 대해서 미리 알려 드리고자 합니다. 알아 두면 마음의 준비를 할 수 있으니까요.

⬤▬ 자연분만

정상적으로 질을 통해 출산하는 방법을 말합니다. 태아의 머리가 아래를 향해 있어야 하고 특별한 이상 없이 분만이 진행되어야 가능합니다. 좁은 산도를 꽤 커버린 아이가 통과해야 하기 때문에 아이도 엄마도 엄청난 스트레스와 위험을 이겨 내고 출산을 하게 됩니다.

① 기다리고 또 기다리던, 무통

무통 주사는 마취로 통증을 덜 느끼게 하여 산모가 심호흡을 더욱 잘할 수 있도록 돕고, 결과적으로 태아에게 가는 산소량을 늘려 줘서 원활한 출산이 이루어지도록 돕는 방법입니다. 척수경막 외 공간에 관을 넣어 진통제를 지속적으로 투약하면서 진통을 줄여 주는데, 무통 주사의 효과와 부작용은 사람마다 다릅니다.

마약성 진통제와 항구토제가 섞여 있는 약이 주입되는데, 약의 효과로 흔하게 구역감이나 구토, 어지러운 증상이 발생할 수 있습니다. 만약 증상이 심하다면 약을 잠깐 멈추거나 항구토제를 정맥주사로 추가 투약받을 수 있습니다. 아주 심한 경우에는 무통 주사를 완전 중단하기도 합니다.

시술 중 자세를 유지하지 못하고 움직이면 두통 및 시술 부위 통증이 발생할 수 있습니다. 그리고 무통 주사는 통증을 차단하되 운동신경을 차단하지 않아야 하는데 만약 하지 저림이나 마비 또는 저혈압, 호흡장애 같은 증상이 있다면 바로 의료진에게 알려야 합니다. 척추에 시행하는 침습적인 시술이어서 중대한 부작용도 있는 만큼 반드시 동의서 작성 후 마취과 전문의를 통해 진행되어야 합니다.

무통 주사는 자궁경부가 최소 3cm 이상(일반적으로 4cm 이상) 열리고, 힘을 잘 줄 수 있고, 태아가 잘 내려오는 등, 분만이 무리 없이 진행되는 사인이 있어야 맞을 수 있습니다. 분만 진행이 더딘 상태에서 무통 주사를 맞으면 통증이 경감되며 출산 진행이 느려질 수 있고, 그로 인해 태아와 산모가 위험해질 수도 있기 때문입니다.

② 어렵기로 소문난 유도분만

유도분만이란 인위적인 방법으로 진통을 일으켜 출산을 유도하는 분만입니다. 꼭 필요한 경우에만 최장 3일까지 시도합니다.

양수가 적거나 터진 경우, 임신중독증이 있거나 태아가 자궁 내에서 자라지 않을 때, 태아의 체중이 너무 적거나 많이 나갈 때, 출산예정일이 1주 이상 지난 경우에 시행합니다. 유도분만은 진료 중에 바로 결정되어 입원하는 경우도 있고 "언제까지 진통이 없으면 오세요." 하고 예약을 미리 하는 경우도 있습니다.

그렇게 입원을 하게 되면 산모와 태아에 대한 간단한 모니터링을 하고, 금식, 관장, 제모, 정맥주사 확보 등 출산 준비를 합니다. 그리고 내진을 해서 자궁경부 상태를 확인한 후 약물 투여를 시작합니다. 자궁경부를 부드럽게 해야 하면 질정을 넣고, 자궁경부가 부드러운 편이면 그냥 자궁수축 유도제만 투여하기도 합니다.

일반적으로는 새벽 6시 기상과 동시에 금식과 관장을 포함한 출산 준비를 하며 약물 투여를 시작합니다. 약이 들어간다고 해서 바로 진통이 오는 것은 아니며 진통이 온다고 해도 바로 분만으로 이어지는 경우는 많지 않습니다. 낮 동안 분만이 진행되지 않으면 다음 날 다시 유도분만을 시도해야 하기 때문에 저녁 6시쯤 약을 중단하고 식사를 하고 휴식도 합니다. 대부분 자연 진통이나 출산의 기미가 보이지 않을 때 시행하기 때문에 분만 진행이 원활하지 않아 진통을 다 겪고서도 결국 수술을 하게 되기도 합니다. 게다가 약을 중단하면 약효가 빨리 사라져서 약이 들어가는 동안 수축이 강하게 오다가도 약을 중단하면 진통이 사라지는 경우가 많습니다. 하지만 6시 이후에 약물 투여를 중단하고도 자연적으로 자궁수축이 걸리는 경우에는 자연분만을 하게 되기도 합니다.

③ 자연분만 전후 주의 사항

+ 출산을 위해 자궁이 열리기 시작하면 자궁 입구를 막고 있던 점액인 이슬이 혈액이 섞인 형태로 비칩니다. 이로부터 2일에서 2주 내에 출산하게 되므로 본격적인 출산 준비를 합니다. 이슬이 비친 후에도 샤워나 일상생활을 해도 됩니다.

+ 진통이 규칙적으로 점점 강해지는 진진통이 시작되면 초산모는 10분 간격, 경산모는 15~20분 간격의 진통이 올 때쯤 병원으로 갑니다.

+ 만약 양수가 터지면 세균 감염의 위험이 있기 때문에 항생제를 투여하고 24시간 이내에 분만해야 합니다. 그러므로 집에서 양수가 터진다면 샤워를 하

지 말고 바로 병원으로 갑니다.

+ 출산이 임박하면 분만실로 와서 치골 아래를 제모하고 관장, 내진을 실시해서 자궁이 열린 정도, 태아의 하강 정도에 따라 분만이 진행됩니다.

+ 출산 시에 회음부를 마취하고 절개해서 태아의 머리와 몸이 잘 빠지게 도와줍니다.

+ 태아가 잘 나오고 태반도 깨끗이 떨어진 것을 확인하고 나서 절개했던 회음부를 봉합합니다. 회음부 불편감은 출산 후 좌욕으로 완화할 수 있습니다.

+ 출산 후에는 반드시 보호자와 함께 거동하도록 합니다. 분만으로 인한 출혈량은 많지 않지만 총 1~2L가량의 체액이 빠져나가 어지러움을 느낄 수 있습니다.

+ 오후에 출산하면 2박 3일, 오전에 출산하면 1박 2일 정도 입원하여 경과를 봅니다.

④ 장점과 단점

자연분만의 장점은 산모의 입장에서 수술에 비해 출혈이 적고, 신체 장기의 회복이 빠르다는 점입니다. 그리고 출산 당일부터 일상 활동이 가능해서 식사, 모유 수유, 아이 케어가 바로 가능합니다. 마취와 수술로 생길 수 있는 합병증에서 자유롭고, 장기 손상의 우려가 적습니다. 입원 기간도 짧아서 병원비도 훨씬 저렴합니다.

자연분만을 할 때 태아는 산도 통과 시 받는 압력으로 폐나 기관지에 고여 있는 양수나 이물질을 자연스럽게 배출하고, 유산균과 각종 면역물질을 다량 먹고 묻히는 '유산균 샤워' 과정을 거칩니다. 그래서 자연분만이 아이의 면역력에 좋다고 하지요. 무엇보다 바로 엄마에게 안겨서 엄마 냄새를 맡으며 젖을 물고 심리적 안정감을 얻을 수 있다는 것이 가장 큰 장점입니다.

자연분만의 가장 큰 단점은 바로 진통입니다. 사람이 겪을 수 있는 극심한 통증 중 세 번째 안에 드는 통증이라고 하지요. 회음부 통증과 일시적인 배뇨장애 가능성, 요실금이나 치질의 발생 빈도가 높다는 것도 단점입니다. 그리고 출산 후 늘어난 산도 때문에 부부 관계 만족도에도 영향을 미칠 수 있다고 합니다. 아이에게 단점은 위험성입니다. 좁은 길을 아이가 지나며 생길 수 있는 다양한 위험성 때문에 많은 엄마들이 숙련된 전문의를 찾아 출산하려 합니다.

⬤ 제왕절개분만

자연분만을 할 수 없거나 수술을 해야만 하는 이유가 있을 때 시행되는 분만법입니다. 이전에 제왕절개를 했거나 자궁 수술을 받았을 때, 전치태반(태반이 자궁 입구에 근접하거나 입구를 막고 있는 경우)일 때, 태아가 옆으로 누워 있거나 엉덩이가 아래에 있을 때, 태아가 너무 크거나 골절이 일어나기 쉬운 상황일 때, 태아 뇌수종이나 태아 곤란증(태아가 산소 부족으로 혈액순환에 장애가 생긴 경우) 같은 응급 상황일 때, 산모가 에이즈 감염이 있거나 산도를 통과하면 안 되는 질환이 있을 때 등, 의사가 판단하여 수술이 필요한 경우 진행하게 됩니다.

그리고 아이를 원하는 때에 출산하기 위해 수술을 받기도 합니다.

① 제왕절개분만 전후 주의 사항

+ 수술 예정일 전날 자정부터 금식을 하고, 당일 날 치골 윗부분을 제모하고 수술 선 순비를 합니다.

+ 수술 시 하반신만 마취하는 척추마취를 시행하고 아이를 꺼낸 후 산모가 아이를 확인하면 수면마취를 진행합니다. 만약 산모가 수면마취를 거부하거나 아이를 확인하지 않아도 괜찮으니 수술 시작과 동시에 수면마취를 하길 원하면 수술 전 담당의와 상의하에 그렇게 해주기도 합니다.

+ 척추마취 때문에 병실로 올라온 후 6시간 동안 척추 선열을 유지하여 절대 안정을 취해야 합니다. 이때 척추를 움직이면 약이 새어 나와 두통 등의 부작용이 생길 수 있기 때문에 머리를 들지 않아야 합니다. 가능하면 베개도 베지 말라고 하는데, 이는 병원마다 다릅니다.

+ 6시간 이후부터는 무리하지 않는 선에서 자주 돌아눕고 심호흡을 해서 빠른 회복을 도울 수 있습니다.

+ 6시간 동안 금식을 하고 '물 〉 미음 〉 죽 〉 밥'의 순서로 식사를 하게 되지만 병원에 따라 복부 수술이므로 가스가 나온 후 식사를 하게 하기도 합니다.

+ 하반신 마취와 하복부 절개 때문에 소변줄을 꽂고 나오는데 소변줄은 다음 날 오전 중에 제거합니다. 이후부터 보호자의 부축을 받아 걸을 수 있습니다.

+ 소변줄 제거 후 소변을 잘 보는지 확인하는 것이 중요합니다. 소변량이 충분하고 빈도가 적정한지, 소변을 시원하게 보는지 확인해야 합니다. 산모가 통증 때문에 소변 후 시원한지 아닌지 모를 때에는 의료진에게 확인받습니다.

+ 수술 후 복대를 제공받은 경우, 수술 부위를 중앙에 두고 복대가 수술 부위 위아래를 모두 지지할 수 있게 착용합니다. 허리에 착용하면 안 됩니다.

+ 무통 주사는 정맥주사를 제거하면서 함께 제거되는데 제거하기 전에 산모가 원하면 추가하여 맞을 수도 있습니다. 일반적으로는 추가 비용이 10만 원가량 듭니다.

+ 수술하고 7일 후 실밥을 제거하고 흉터 연고를 도포하거나 흉터 밴드를 부착할 수 있습니다.

② 장점과 단점

제왕절개의 가장 큰 장점은 진통 과정을 겪지 않는다는 것입니다. 그리고 자연분만에 비해 요실금이나 치질의 가능성이 낮으며 질이 과도하게 늘어난 적이 없기 때문에 부부 관계의 만족도에도 큰 차이가 없습니다. 응급한 경우 바로 분만할 수 있고, 원하는 시기에 맞춰 분만도 가능합니다. 아이의 입장에서도 좁은 산도를 통과하며 생길 수 있는 위험성이 최소화되는 장점이 있습니다.

단점은 자연분만에 비해 출혈이 두 배 정도로 많고, 복부를 절개하는 큰 수술이기 때문에 장기 손상의 위험이 있습니다. 그리고 회복 후에도 흉터가 남습니다. 수술 당일에 자세 제한이 있고, 일정 기간은 통증으로 거동이 쉽지 않습니다. 소변줄을 꽂기 때문에 방광염의 위험이 있고 입원 기간이 길며 병원비도 자연분만에 비해 많이 나옵니다.

③ 수술 부위 상처 관리

수술 후 7일경 실밥을 제거하고 나면 흉터 연고나 흉터 밴드를 사용해 수술 부위가 흉 지지 않고 흔적이 적게 남도록 도울 수 있습니다.

흉터 연고는 아침저녁으로 충분히 건조된 수술 부위에 연고를 바르고 연고가 흡수될 때까지 기다린 후 속옷을 입습니다. 흉터 밴드는 충분히 건조된 수술 부위를 완전히 덮도록 부착하고, 한 번 사용할 때 5~7일간 사용 후 교환합니다. 떼어 낸 밴드는 물에 씻어 말려서 재사용할 수 있습니다.

만약 수술 부위가 벌어지면 우선 멸균된 깨끗한 밴드를 붙인 후 바로 응급실이나 병원을 찾는 것이 좋습니다. 병원에서는 벌어진 수술 부위 주변이 붉은지, 부어올랐는지, 가려운지, 통증이 있는지, 고름이나 피가 나오는지를 확인합니다. 만약 안에 근육층이 벌어지거나 피가 새어 나오는 경우, 안에서 고름이 나오는 경우에는 충분히 짜내고 항생제를 사용하며 매일 소독을 하거나, 경우에 따라 문제가 있는 부분을 다시 절개해서 깨끗이 치료한 후에 봉합을 하고 소독을 받는 상처 관리가 필요할 수 있습니다.

◖▨◗ 브이백(VBAC)

제왕절개로 출산한 후에 자연분만으로 출산하는 것을 브이백이라고 합니다. 과거에는 첫아이를 제왕절개로 분만하면 이후 출산은 무조건 제왕절개로 해야 했지만 의술이 발달하면서 제왕절개를 했던 산모도 다음 출산을 자연분만으로 할 수 있게 되었지요. 하지만 자궁파열의 위험이 있어 첫아이가 난산이었던 경우에는 추천하지 않습니다.

그리고 골반이 좁거나 태아의 머리가 큰 것처럼 난산이 예상될 때 또는 여러 차례 제왕절개를 했거나 자궁 수술을 받은 경우에도 추천되지 않습니다. 응급수술을 진행할 시설이 없는 병원에서도 시행하지 않습니다. 만약 브이백을 진행한다고 하면 분만 중 자궁파열의 위험성을 산모가 미리 느낄 수 있어야 하기 때문에 대부분의 병원에서 무통 주사를 놓지 않습니다. 또 무리해서 진행하지 않기 때문에 유도분만도 하지 않습니다.

코로나19 밀접 접촉자라 산후조리원에 못 간다고요?

_극한 산후조리

산후조리는 대개 산후 6~8주에 해당하는 산욕기 동안 몸을 조리하며 보호하는 걸 뜻합니다. 과거에는 삼칠일이라고 해서 출산 후 총 21일에 해당하는 3주 동안 금줄을 두르고 외부인의 출입과 산모와 아이의 외출을 삼가는 문화가 있었지요. 아마도 과거에는 영아사망률이 높았기 때문에 최대한 외부의 감염으로부터 아이와 산모를 보호하려고 취했던 조치였던 것 같습니다. 지금은 적어도 한 달에서 100일, 특히 산모의 몸이 출산 전처럼 회복되는 데 걸리는 6주간은 집중적으로 몸조리를 해야 한다고 알려져 있습니다.

사실 저는 첫 출산 후 지인으로부터 추천받은 산후조리원을 이용했습니다. 한여름에 방 에어컨이 고장 나고, 허리통증을 더욱 악화시키는 마사지 케어와 계약할 때의 말과 달리 모유 수유를 제대로 도와주지 않는 등 힘든 경험을 했기에 둘째 때는 절대 산후조리원에 가지 않으려 했습니다. 하지만 둘째부턴 산후조리원에 가야 그나마 쉴 수 있다는 주변 조언을 듣고 첫째 동반이 가능한 산후조리원을 예약했습니다. 그런데 둘째 아이 출산 후 병원 회복실에서 코로나바이러스감염증-19(이후 코로나19로 통일) 확진자와 동시간대에 누워 있게 되었습니다. 당시 방역 정책에 따라 밀접 접촉자로 분류되어 제왕절개분만 이틀 만에 자가격리를 위해 귀가 조치되는 바람에 산후조리원에 갈 수 없게 되었습니다.

문제는 저의 산후조리뿐만이 아니었습니다. 밀접 접촉자인 저만 자가격리에 해당되어 남편이 방 밖에서 신생아를 케어하고, 산모식을 만들고 빨래를 하는 등 살림을 도맡아 해야 했고, 혹시 모르니 퇴원 후 산후조리원에 함께 들어가기로 했던 첫째 아이도 친정에서 데려올 수가 없었습니다. 상황이 암담했지만 저희 부부는 이 난관을 잘 견뎌 보기로 했습니다. 그리고 어쩌면 둘째 아이가 유일하게 온전히 관심을 독차지할 수 있는 시간일 것 같아 그동안 둘째에게 더욱 집중하기로 했습니다.

그렇게 저의 자가격리 산후조리가 시작되었습니다. 수술 후 회복을 위한 운동은 좁은 방 안에서 제자리걸음과 스트레칭으로 대체해야 했고, 끼니 때마다 남편이 방에 넣어 주는 음식으로 식사를 했습니다. 아기가 배고파 울면 마스크를 쓰고 방에서 잠깐 상봉하여 수유를 했습니다. 그런데 아무리 마음을 다잡아도 생각지 못한 버거운 상황에 편치 않은 몸 상태, 첫째에 대한 미안함과 그리움, 산후 호르

몸 변화로 인한 생리적 우울까지 겹치다 보니 방에서 쉴 새 없이 울음이 터져 나왔습니다.

저는 둘째 산후조리는 첫째 때보다 더 망했다고 생각했습니다. 그런데 놀랍게도 산후통이 전혀 없더군요. 첫째 때는 교통사고 후유증도 있었겠지만 산후조리원 퇴소 후에 지속되는 요통으로 정형외과 치료를 받아야 했습니다. 바로 눕지도, 돌아눕기도 힘들 정도였는데 둘째 때는 전혀 그렇지 않았습니다. 그리고 임신 중에 찐 11kg도 산후조리 중에 10kg이나 빠졌으니, 신생아를 돌보면서 매일 미역국을 끓이고 샐러드를 만들고 야채를 쪄서 요리해 준 남편의 수고 덕이 컸던 것 같습니다. 산후조리원에 있을 때보다 산후조리가 잘된 것 같다고 말하니, 남편은 자신의 적성은 산후조리원 원장이었다며 앞으로 산후조리원을 운영해야겠다고 너스레를 놓았습니다. 같이 웃어 넘겼지만, 저는 정말 그때의 고마움을 잊을 수가 없습니다.

전통적인 산후조리 방식, 그대로 따라야 할까요?

　대학 시절 모성간호학 시간에 가장 흥미로웠던 것이 바로 서양 문화권에서는 산후조리를 따로 하지 않는다는 것이었습니다. 출산 후 찬물로 샤워를 하고 바로 운동도 하고, 탄산음료와 기름진 음식도 먹습니다. 당시 교수님께서는 명확하게 구분된 연구는 없지만 아마도 서양의 산모들은 대부분 골반이 동양인보다 크고, 근육이 더 발달되어 있으며 조깅 같은 운동이 생활화되어 있어서 출산이 큰 손상으로 받아들여지지 않아서일 거라 하셨습니다.

　저는 산부인과 병동에 있을 때 실제로 산후조리를 전혀 못한 어르신들을 뵌 적이 있습니다. 아이를 출산하고 몸이 채 회복되기도 전에 쪼그리고 앉아서 농사일과 살림을 도맡아 한 분들이었습니다. 나이가 들면서 점점 근육이 약화되어 자궁이 질 밖으로 빠져나오는 '자궁탈출증'으로 자궁적출술을 받기 위해 오셨지요. 수술 전 준비로 제모를 하면서 자궁을 손으로 밀어넣으며 "아프시죠? 죄송해요."
라고 하면 "아이고, 하나도 안 아픕니다. 괜찮아요. 편하게 하세요."
하던 할머니 환자 분들의 선하고 인자한 얼굴이 지금도 기억납니다.
자신들의 고된 산후의 일상을 훈장처럼 이야기하지 않는, 오랜 시간
을 인내와 헌신으로 보낸 분들이셨습니다. 엄마의 희생과 인내는 고
귀하고 존경스럽지만 부디 지금의 우리는 내가 건강해야 아이를 더
잘 돌보고 내가 행복해야 아이를 더 잘 사랑할 수 있다는 마음으로,
출산 후 몸을 잘 보살피면 좋겠습니다.

🔵 무조건 따뜻해야 한다?

한여름이든 한겨울이든 출산 후에는 방을 따뜻하게 하고 옷을 껴
입어 땀을 빼야 한다는 말을 많이 듣게 됩니다. 하지만 사실 지나치
게 더운 방에서는 산모가 충분한 휴식을 취하기 힘들고, 땀으로 인
해 위생에도 좋지 않습니다. 또 회음부나 수술 부위에 염증을 유발
해서 산욕열이 생기기도 합니다.

아이에게 가장 좋은 실내 온도가 24도라는 말은 산모에게 가장
좋은 온도도 그 전후라는 뜻이겠지요. 냉기를 느끼지 않을 적정 온
도에서 통풍이 잘 되는 헐렁한 면 소재의 옷을 땀이 날 때마다 자주
갈아입는 게 좋습니다.

⬤▸ 삼칠일 동안 씻으면 안 된다?

산후풍 때문에 씻으면 안 된다는 말이 있지만, 출산 후에는 땀만 많이 나는 것이 아니라 오로(출산 후 질을 통해 나오는 자궁 내 찌꺼기)도 나오기 때문에 씻지 않으면 무척 찝찝하고 위생 상태가 나빠집니다. 제왕절개한 산모도 수술 후 2일쯤부터는 주치의에게 확인 받은 후 수술 부위를 방수 밴드로 보호하여 씻을 수 있습니다. 단 찬바람이 몸에 닿지 않도록 미리 따뜻한 물로 욕실을 데워 놓고, 샤워 후 욕실에서 옷까지 다 입은 상태로 나오는 것이 좋습니다.

⬤▸ 누워서 쉬는 게 최고?

산후에 누워서 푹 쉬라는 말을 많이 듣습니다. 하지만 그 말을 마음 깊이 감사하게 받되 그대로 실천하면 안 됩니다. 우리는 아이를 낳은 것이지 병에 걸린 게 아니니까요. 출산 후에는 제왕절개 산모도 수술 다음 날부터는 걸으라고 합니다. 몸이 회복되기 위해 꼭 필요한 것이 걷는 운동이기 때문입니다. 걷는 운동은 자궁이 퇴축되고 제자리를 찾아가는 데 도움이 되며, 오래 눌려 있던 방광을 회복시키고 장의 기능을 좋게 만들어 변비도 예방해 줍니다. 출산 후에 똑바로 누워만 있으면 앞으로 기울게 자리를 잡아야 할 자궁이 뒤로 눕는 형태로 자리를 잡아서 산후 요통에 시달릴 수 있습니다. 올바른 자세로 자주 걷고 부드럽게 스트레칭을 해줘야 합니다.

⬤ 미역국을 삼시 세끼 먹어야 한다?

산후조리에 좋은 가장 대표적인 요리인 미역국을 매끼 먹을 필요는 없습니다. 혈액순환과 노폐물 배출에 도움이 되지만 미역국만 계속 먹으면 갑상선 이상과 전해질 불균형이 생길 수 있으니 하루 한 끼 정도면 충분하다고 합니다. 가장 좋은 것은 매끼 균형 잡힌 영양 식단으로 너무 부족하지 않게 먹고, 모유 수유를 하는 경우 자주 허기가 질 수 있으니 건강한 간식으로 평소보다 300~500kcal 정도 추가로 챙겨 먹는 것이 좋습니다.

⬤ 찬바람을 쐬면 산후풍이 온다?

산후풍은 한의학적인 표현으로, 외국에서는 출산 후 원인을 알 수 없는 통증으로 병원에 가면 관절통이나 근육통으로 진단받는다고 해요. 산후풍은 임신 중 호르몬으로 인한 변화와 출산 중 진통으로 발생한 근육통이 회복하는 데 오랜 시간이 걸리면서 발생한다고 합니다. 제왕절개를 한 경우에도 근육긴장 상태가 지속되어서 생길 수 있다고 합니다. 일반적으로 출산 시 근육통이나 호르몬으로 인해 늘어난 인대와 관절에 생기는 관절통은 안정을 취하면 자연스럽게 좋아지는 것이 대부분입니다. 하지만 육아를 하면서 충분한 안정을 취할 수 없어 관절이나 근육에 호전되지 않는 심한 통증이 있다면 반드시 정형외과 진료를 받아야 합니다. 그 외에 꾸준한 근력 운동과 체력 단련을 통해 빠른 회복을 도울 수 있습니다.

◗ 붓기 빼는 데는 즙이 특효?

출산 후 아이 몸무게만 빠진 몸을 보면 답답함에 붓기 빼는 즙을 찾게 됩니다. 하지만 실제로는 즙보다 따뜻한 물을 많이 마시는 것이 도움이 됩니다. 만삭 때까지 몸이 잔뜩 부을 정도로 체내에 모여 있던 수분이 출산을 하면서 체액 및 혈액과 함께 2L가량 빠져나가게 됩니다. 체액이 다량으로 손실된 몸은 위기 상황이라는 판단하에 몸에 물을 저장하려고 노력합니다. 그런데 출산 후 부었다고 산모가 물을 안 마시고 물을 빼내려고만 노력하면 몸에서는 위기 경보를 해제하지 못하고 더더욱 물을 잡아 두게 됩니다. 그 결과 붓기가 더 안 빠지게 되지요. 이때 따뜻한 물을 조금씩 자주 마셔 주면 혈액순환이 촉진되고, 신체의 대사활동에 도움이 되어 수분과 노폐물을 배출하는 데 도움이 됩니다. 그러니 하루 2L가량 따뜻한 물을 마셔야 합니다.

모유 수유,
그게 뭐라고

_험난한 완모 여정기

산부인과 병동에서 근무할 때 제왕절개로 분만한 산모들이 젖몸살로 괴로워하는 모습을 자주 봤습니다. 그러다 보니 모유 수유와 젖몸살은 제게 출산 전부터 막연한 두려움이었습니다. 젖몸살은 의학 용어로 유방울혈이라고 하는데 젖이 충분히 빠지지 않고 고여 있는 상태로, 가슴이 단단해지며 열감과 통증이 생깁니다. 젖몸살이 지속되면 유방 염증 및 전신 고열과 몸살로 무척 고통스럽습니다. 특히 초유에서 성숙유로 넘어갈 때, 그리고 젖양이 계속해서 변하는 아이의 급성장 시기에는 젖양이 먹는 양과 맞춰지지 않아 계속해서 울혈이 조금씩 생기게 됩니다.

제왕절개 출산을 하면 바로 젖을 물리기가 어려워 모유 수유가 더 힘들어지는 경우가 있는데요. 저 또한 그러했습니다.

저는 첫아이 출산 후 둘째 날부터 젖이 돌기 시작했습니다. 마침 그날 신생아실 간호사 선생님이 아이를 병실로 데려와 수유하는 방법을 알려 주었습니다. 아이가 안겨 젖을 먹는다는 경이로움을 채 실감하기도 전에 아이는 몇 번 빨지도 않고 이내 고개를 돌려 버렸 지만 그 경험 후 저는 더욱 모유 수유를 성공하고 싶어졌습니다. 그 래서 계속해서 젖 물리기에 실패하면서도 수술 부위 통증을 참으며 끊임없이 직수(아이에게 직접 젖을 물려 수유하는 방법)를 시도했습니다. 그러다 실패의 원인이 유두 모양 때문일 수 있다는 조언을 듣고 유 두 보호기도 구입했지만 딱 맞지 않아서 피만 나고 젖도 잘 나오지 않았습니다. 너무 아팠지만 아이를 안고 젖을 물리는 그 짧은 시간 이 너무 좋아서 그렇게라도 젖을 물리기를 반복했습니다.

제가 입원한 병원은 환자가 무척 많은 곳이라서 산모가 수유와 유 축을 제대로 하는지 일일이 봐주지 못했습니다. 저 역시 바빠 보이 는 의료진에게 묻지 못하고 혼자 이리저리 애쓰다가 유방울혈은 심 해지고 심신이 지친 상태로 산후조리원에 들어갔지요. 바로 가슴 마 사지를 받고, 젖 물리는 법과 유축기 사용법을 다시 확인받았습니 다. 낮엔 열심히 젖 물리기를 시도하다 유축을 하고, 밤에는 회복을 위해 쉬었습니다. 문제는 여기에서 시작되었습니다.

밤에 수유를 하지 않고 푹 자니 아침엔 늘 젖이 가득 차 있었고, 유축과 마사지로 젖을 비우고 나면 또 가득 젖이 차는 상황이 이어 졌습니다. 늘 가슴이 무겁고 아팠고, 유륜이 충분히 부드럽지 않으 니 아이는 젖을 물기 힘들어 울기 일쑤였습니다. 어떡하든 젖을 잘 물리고 싶은 마음에 힘이 잔뜩 들어가니 아이는 불편해서 젖을 물 지 않으려고 하고, 그럴수록 자세는 더욱 이상해지고 온몸이 아팠습니다. 최선을 다해도 계속 직수에 실패하니 차선책으로 유축 수유를 선택했습니다. 눈에 양이 보이니 조금이라도 더 먹이고 싶은 마음에 저는 유방을 눌러 젖을 짜내듯이 유축했습니다. 그때 유선이 자극을 받았는지 가슴은 단단한데 젖양이 점점 줄더니 결국 나오지 않게 되었습니다.

그렇게 출산 2주차의 어느 날, 몸이 으슬으슬하고 소변이 계속 마려웠습니다. 보통의 젖몸살과 달라서 출산 병원에 들렀더니 방광염이 생겼으니 무리하지 말라는 진단을 받았지요.

제왕절개는 소변줄을 삽입하기 때문에 방광염은 흔한 합병증이지만 치료가 필요하다는 말을 듣는 순간 머릿속에서 뭔가가 툭 끊어지는 듯한 기분이 들었습니다. 진통을 다 겪고도 수술하게 된 출산부터 수유까지 어느 것 하나 뜻대로 되지 않는 상황에 무력감과 좌절감이 들었습니다. 열심히 한다고 최선을 다했는데 단 하나도 생각대로 되는 게 없으니 괴롭고 화가 났습니다. 속상한 마음에 산후조리원으로 들어가는 횡단보도 앞에서 친정 엄마께 전화를 했습니다.

"엄마. 나랑 오빠 수유할 때 어떻게 했어요?"

엄마의 대답은 신호등의 불이 초록색으로 바뀌었는데도 저를 멍하니 서 있게 했습니다.

"어떻게? 그냥 물리니까 너희가 물던데?"

순간 감정이 복받치며 눈물이 났습니다.

"우리 애는 안 물어, 엄마. 보호기를 껴도 제대로 안 빨아서 유축해서 줬는데, 뭐가 잘못됐는지 이제 젖이 차 있는데도 안 나와. 애를 낳는 것도 먹이는 것도 뭐 하나 생각대로 되는 게 없어. 나 너무 힘들어. 힘들어서 못하겠어, 엄마.”

울먹이며 말하는 제 목소리에 수화기 너머의 엄마는 가만히 듣다가 말씀하셨습니다.

“너무 힘들면 하지 마. 그게 뭐라고. 요즘 분유도 얼마나 잘 나오는데. 안 해도 돼. 괜찮아. 하지 마.”

엄마의 위로에 횡단보도 앞에서 한참을 꺽꺽 울었습니다. 그 별것 아닌 게 아무리 노력해도 안 되니까 너무 괴로웠습니다. 양이 부족한 것도 아닌데 단유를 하고 분유를 먹이려니, 제 인내가 부족한 탓인 것만 같아 괴롭고, 수술로 낳아서 유산균 샤워도 못 시켜 줬는데 모유까지 안 먹이면 아이 면역이 약해지는 게 아닐까 신경이 쓰였습니다. 게다가 산후조리원의 모유 수유 전문가는 제가 단유를 상담하자 “아니 젖이 이렇게나 많은 산모가 어떻게 애한테 젖 안 주고 끊을 생각을 해요? 애한테 이게 얼마나 좋은 건데!”라고 호통까지 치니 더욱 죄책감이 들었습니다.

사실 저도 모성간호학을 배울 때부터 자연분만만큼이나 모유 수유의 장점에 대해 수도 없이 들었고, 일하면서도 환자들에게 모유 수유를 적극적으로 장려했습니다. 그래서 더욱 모유 수유를 하고 싶었습니다. 출산도 뜻대로 안 되었는데 수유까지 그렇게 되는 것은 싫었습니다. 그런데 고작 모유 수유 그 하나가 안 되서 괴로운 것도, 아이에게 남모르게 죄인이 되는 것도 모두 저였습니다.

모유 수유 성공법

유방 마사지는 일본에서 연구하여 우리나라에 자리 잡은 요법입니다. 과거에는 유방 마사지가 없었지요. 그런데 그 시절 엄마들은 대부분 모유 수유를 했었고, 유방 마사지가 없는 서구권 나라에서도 모유 수유를 하고 있지요. 저도 첫째 아이 때엔 유방 마사지에 매달려 완모를 했는데, 둘째 때엔 자가격리로 마사지도 받지 못했는데 수월하게 완모를 할 수 있었습니다. 도대체 무슨 차이 때문에 제 첫 모유 수유는 전쟁 같았던 것일까요?

◖▶ 모유 수유에 대한 오해

사람마다 유방의 형태, 젖의 양, 젖의 성질이 조금씩 다릅니다. 그래서 책을 보고 따라 하다 보면 오히려 문제가 생기기도 하지요. 제가 경험한 몇 가지 어려움을 나눠 볼까 합니다.

① 한 번 수유할 때 양쪽 젖을 다 물린다?

젖양이 적은 산모는 한 번 수유할 때 양쪽 젖을 모두 물려야 합니다. 이때 각각 15분 이상 충분한 시간 동안 배불리 먹어야 하지요. 그리고 영양분과 수분을 충분히 섭취하여 아이가 배고파할 때마다 젖을 물려 아이에게 젖양을 맞춰 나가야 합니다.

그런데 젖양이 많은 산모는 한 번에 양쪽을 다 물리면 아기가 수분과 유당이 많은 전유만 먹고, 지방과 단백질이 풍부한 후유를 못 먹게 됩니다. 그럼 아이가 계속해서 변을 지리고 체중도 잘 늘지 않지요. 후유는 젖이 충분히 비워지면서 나오기 때문에 이런 경우 한쪽 젖을 다 비운 후에 반대쪽 젖을 물리거나 한 번에 한쪽 젖만 먹여야 합니다.

수유가 처음이라 어렵다면 산부인과나 소아과 전문의 또는 모유수유 전문가와 상의하는 것이 도움이 됩니다.

② 수유 후 남은 젖을 다 짜낸다?

젖은 비워진 만큼 만들어지기 때문에 젖양이 적은 산모들은 수유 간격을 건너뛰거나 아이에게 충분히 먹이지 못하고 젖이 남아 있는 경우 젖을 짜내서 비워 주면 양이 느는 데 도움이 됩니다. 하지만 젖양이 많은 산모는 짜낼수록 양이 늘기 때문에 가능한 짜내지 않아야 합니다. 만약 젖양이 너무 많아서 아이가 한쪽 젖을 배불리 먹고도 젖을 다 비우지 못한다면 남은 젖을 짜내거나 유축하지 말고 그대로 두어서 아이에게 서서히 양을 맞춰 나가야 합니다. 이때 젖이 가득 차서 통증이 심하다면 아프지 않을 만큼만 젖을 짜냅니다. 그리고 수건이나 손수건을 냉동실에 얼려 두고, 수유 후 가슴과 겨드랑이에 얹어 주면, 가슴을 진정시키고 모유 양이 느는 것을 막는 데 도움이 됩니다.

③ 함몰유두나 편평유두는 모유 수유를 못한다?

유방이나 유두의 모양에 따라 더 수월한 수유법이 있긴 하지만 함몰유두나 편평유두라도 크게 좌절할 필요는 없습니다. 아이는 유륜을 물고 젖을 먹기 때문에 오히려 모유 수유 후 유두의 모양이 교정되기도 합니다. 다만 젖이 불어나서 유륜이 단단해지면 아이가 물기 어렵거나 끝만 물어서 유두에 상처를 내게 되니 이때는 젖을 조금 짜서 유륜을 부드럽게 만든 후에 수유합니다. 하지만 젖양이 많은 산모는 이 방법을 지속적으로 사용하는 경우, 양이 더 늘 수 있으므로 주의합니다.

④ 유두가 따갑거나 헐면 모유를 바른다?

모유 수유를 하는 초반에는 유두에 상처가 잘 납니다. 그럴 때 모유를 발라 말리라고 하지요. 모유가 항균 작용뿐 아니라 상처 부위를 코팅해 줘서 쓰라림이 줄기 때문입니다. 하지만 저는 식습관이 좋지 않고 물을 많이 못 마셔서 모유가 끈적한 상태에서 모유를 바르고 말렸더니 오히려 모유가 나오는 구멍이 막혀 버렸습니다. 저와 같은 경우에는 모유를 바르게 되면 수유나 유축을 하기 전에 유두를 물로 한 번 닦아 주는 것이 좋습니다. 그리고 상처는 처방받은 연고가 도움이 될 때가 많습니다.

❺ 모유는 만병통치약?

모유 먹는 아이는 면역력이 높아 잔병이 없다고 하죠. 하지만 모유 수유를 해도 아이는 아픕니다. 장염도 걸리고 감기도 걸리더군요.

모유를 먹이면 흡수가 잘 되기 때문에 며칠에 한 번 변을 보기도 하고 변도 좋다고 합니다. 그런데 젖양이 너무 많으면 아이가 충분히 먹어도 젖이 비워지지 않아 계속 전유만 먹게 되다 보니 아이는 통통하게 잘 크지만 무른 변을 계속 보고 늘 엉덩이가 짓무릅니다. 사실 모양 좋은 황금 변은 아이에게 잘 맞는 분유를 먹였을 때 가장 좋은 것 같습니다. 그리고 밤중 수유를 오래하거나 젖을 물고 자는 습관이 들면 앞니 충치가 생길 확률이 높습니다.

🔲 수많은 시행착오 끝에 알게 된 모유 수유 성공법

① 출산 전 미리 공부하기

미리 영상으로 유방을 잡는 법, 젖을 물리는 법을 보고 연습하는 것이 좋습니다. 젖이 차 있는 유륜을 배고픈 아기에게 깊게 물리기는 정말 쉽지 않습니다. 그래도 젖이 차기 전 부드러운 유륜과 유두는 제대로 잡아서 대주면 아이가 잘 물기 때문에 미리 공부하고 연습해 보는 것이 도움이 됩니다.

② 출산 후 최대한 빨리 젖을 물리고 가능하면 모자동실을 하기

유명한 한 대형병원은 아이가 아프지 않다면 무조건 아이와 엄마가 함께 지내는 모자동실을 시행합니다. 모자동실을 해서 가능한 빨리 젖을 물리면 유륜과 유두가 부드러운 상태에서 아이도 무는 연습을 많이 해볼 수 있고, 젖양이 아이의 양에 맞춰지는 효과를 얻을 수 있습니다.

출산 후 첫날부터 일주일간은 젖양이 전날 비워 낸 양의 두 배씩 느는 시기입니다. 일찍 모유 수유를 시작하면 젖양이 적은 산모도 충분한 양을 확보하는 데 도움이 됩니다.

③ 완모에 뜻이 있다면 모유만 먹이기

젖양이 적은 산모와 많은 산모 모두에게 해당하는 말입니다. 젖은 비운 만큼 만들어지기 때문에 아이가 원할 때마다 젖을 물리면 아이에게 젖양이 맞춰지게 되지요. 그런데 이때 분유를 주게 되면, 젖양이 적은 산모의 경우 아이의 요구만큼 젖을 비울 기회를 잃게 됩니다. 또 젖양이 많은 산모의 경우 수유 간격을 한 번 건너뛴 만큼 젖은 더 불어나서 통증이 심해지고, 유축이라도 하게 되면 젖양을

험난한 완모 여정기

80

- 임신·출산 편 -

맞추기가 더 어려워집니다.

그리고 같은 이유로 밤에도 직접 수유를 하는 것이 좋습니다. 아이가 필요한 만큼만 먹기 때문에 젖양을 맞춰 나가기 쉽습니다.

④ 아이의 배꼽시계를 믿기

아이들은 성장이나 컨디션에 따라 배고픈 시간이 다릅니다. 그러니 엄마가 시간을 재서 수유하지 말고 아이가 배고파할 때마다 젖을 물려서 내 아이만의 수유 패턴을 잡는 것이 좋습니다.

다만 졸리거나 단순히 보챌 때 젖을 물리는 것은 수유 간격을 무너뜨리고 전유만 조금씩 먹는 결과를 불러올 수 있습니다. 그러므로 배고픈 사인을 미리 파악해서 먹고 싶어 할 때 보채기 전에 기분 좋게 먹이는 것이 좋습니다.

⑤ 마음을 편하게 먹기

생후 2주까지는 아이의 입이 작아서 깊게 물리기도 어렵고 위가 작아서 아이는 배가 불러도 엄마는 젖이 비워지는 느낌이 별로 없습니다. 이후에는 아이와 젖양이 맞아 들어가는 것 같다가 또 50일쯤 부터는 아이의 먹는 양이 줄어 또다시 울혈을 경험하게 됩니다. 그렇게 짧게는 100일, 길게는 6개월 정도 가슴이 편하지 않은 느낌이 듭니다. 그런데 그게 정상이더군요. 발전이 없는 것처럼 느껴지지만 사실 젖양은 아이의 성장을 따라가고 있습니다. 그러니 불편한 가슴에 너무 집중하면 괴롭습니다. 아이가 잘 크고 있는지만 확인하고 마음에 여유를 가져야 지속할 수 있습니다.

⑥ 건강한 음식을 먹기

'내가 먹는 음식이 나를 만든다'는 말처럼 내가 먹는 음식이 모유를 만듭니다. 모유는 혈액으로 만들어지는데 수분이 부족하거나 당분이나 지방이 많은 음식을 먹으면 혈액이 끈적해지고 기름져집니다. 이는 고스란히 모유에 반영되지요. 고단백 음식과 따뜻한 물을 자주 먹고, 혈액순환이 잘 되는 식단을 유지하면 모유 수유 중간에 젖이 막히는 어려움을 피할 수 있고 모유의 질도 좋아집니다. 하지만 지나친 음식 제한은 스트레스가 됩니다. 먹고 싶은 것을 먹되, 지나치게 달거나 기름진 음식은 특식으로 먹고, 평상시에는 건강식을 섭취해서 균형을 유지하면 수유의 어려움을 줄일 수 있습니다.

엄마도
오늘 행복해?

_주산기 우울

　첫째 아이를 임신하고 출산하면서 제가 느낀 감정은 대부분 행복이었습니다. 자라 오면서, 또 직장생활을 하면서 평탄하지만은 않은 시간을 보냈기에 자주 우울감과 무력감을 경험했던 제 인생에서 가장 행복하고 평안한 시간이었지요. 첫째가 무척 수월한 아이이기도 했고요. 그땐 세상이 핑크빛으로 모든 것이 아름다워 보였습니다. 그래서 둘째를 임신했을 때도 분명 넘치게 행복할 것이라고 생각했습니다. 하지만 입덧이 시작되면서 저는 첫 임신 때와는 전혀 다른 감정의 파도를 경험해야 했습니다.

　당기는 음식이 없고 먹으면 입덧을 했던 첫 임신 때와 달리 속이 비어도, 음식을 먹어도 계속해서 입덧을 했습니다. 당시 큰아이를 가정 보육 중이었는데, 어지러워서 아이의 간식뿐 아니라 식사를 챙기기도 힘들었지요. 육체적으로 힘이 드니 짜증이 치밀고 아이를 받아 줄 여유가 없었습니다. 그때는 절대로 인정할 수 없었지만 지금

와서 생각해 보면 저는 무척 '불안'했던 것 같습니다. 둘째 아이에게는 첫 육아 때만큼 집중할 수 없을 거라는 사실이 벌써부터 미안했고, 둘째 아이를 돌보면서는 지금처럼 첫째 아이를 충족시킬 수 없을 거라는 두려움이 들었습니다. 그래서 저는 늘 대단한 시험이나 과제를 앞두고 있는 사람처럼 날이 서 있었지요.

그런 와중 출산을 위해 입원한 병원에서 코로나19 확진자와 밀접 접촉을 하며 수술 후 이틀째부터 집에서 자가격리를 하게 되었습니다. 제 몸 상태와 남편의 고생도 염려되었지만 무엇보다 아무런 도움 없이 남편과 제가 집에서 어떻게 신생아를 돌봐야 할지 막막했습니다. 더욱이 둘째가 38.0도 전후로 열이 오르며 황달 증세를 보이는데 자가격리 기간 중이라 병원에 데려가기도 쉽지 않았습니다. 아이가 위험할 수 있는 상황인데 제대로 케어할 수 없다는 사실에 저는 굉장한 무력감을 느꼈습니다.

그러다 출산 초기 유방울혈까지 겹치니 묵직하게 답답하던 가슴과 머리가 터질 것 같았습니다. 계속해서 눈물이 났습니다. 매일 울며 기도했지만 '이러다 정말 미쳐 버리는 게 아닐까.' 하는 생각이 들었습니다.

그렇게 2주가 흘러 자가격리는 해제되었지만, 그 사이 분리불안이 생겨 버린 첫째가 집으로 돌아오며 또 다시 쉽지 않은 시간이 시작되었습니다. 첫째 동반 산후조리원을 계약하여 "5일만 있다가 만나자." 하고 약속했는데, 29개월 인생 처음으로 부모가 약속을 어기고 2주간 떨어져 있게 되었으니 다시 만난 후에도 아이는 많이 불안해했습니다.

저는 그런 아이가 너무 안쓰럽고 미안해서 만나면 무조건 안아 주고 분노도, 떼도 모두 이해하고 받아 주겠다고 다짐하고 또 다짐했지요. 그러나 하루에도 몇 번씩 짜증이 폭발해서 소리치며 우는 네 살 아이를 신생아와 함께 돌보는 일은 정말 힘들었습니다. 그럼에도 최선을 다해 받아 주고 달래 주다 보니 결국 무리가 되었는지 방광염이 재발하게 되었습니다. 짜증과 답답함이 밀려왔습니다. '내 몸은 포기하고 이렇게 지내는 게 맞나.' 하는 생각이 들었습니다. 하지만 제 기분을 돌볼 여유가 없어서 모유 수유가 가능한 항생제를 처방받아 먹으며 일상을 유지했습니다.

그런데 설상가상으로 이번에는 수술 부위가 벌어졌습니다. 계속해서 닥치는 감당하기 힘든 상황들에 답답하고, 막막하고, 화가 났습니다. 거대한 먹구름이 잔뜩 껴 있는 것처럼 몸과 마음과 머릿속이 무겁게 느껴졌습니다. 그런데도 우울하다고는 생각하지 않았습니다. 그저 지친다고만 생각했습니다. 사랑스러운 아이들을 돌보면서 우울하다는 생각은 해서는 안 될 것 같았습니다. 그런 생각을 하는 저는 '좋은 엄마'로서 자격이 없는 것 같았지요.

이런 마음을 완전히 터놓기도 쉽지 않았습니다. 그 누구도 이해할 수도, 받아 줄 수도 없을 거란 생각이 들었습니다. 저는 수시로 물먹은 솜처럼 가라앉는 기분이 들었고, 물속에서 달리기를 하는 것처럼 몸이 무겁고, 빨리 움직이려고 해도 힘에 부쳤습니다.

그러던 어느 날 저녁, 둘째를 수유한 후 첫째와 열심히 놀아 주고 있었습니다. 둘째가 갑자기 불편한지 보채며 울어서 기저귀를 갈아 주고 안아서 달래 주었는데도 울음이 멎지 않았습니다. 특별할 것 없는 일상이었는데 그날따라 가슴이 너무 답답했습니다. 아이를 달래며 창을 바라보다 베란다 문이 닫혀 있는 것을 발견하고 문을 열어야겠다고 생각했습니다. 아이를 내려놓고 베란다로 발걸음을 옮기는데 불쑥 '뛰어내려야겠다. 더는 못하겠다.'라는 생각이 들었습니다. 순간 그 자리에 멍하니 멈춰 섰습니다. 이렇게나 사랑스러운 아이들을 두고 어떻게 그런 생각을 했는지 심한 죄책감이 따라왔습니다. 왜 그러냐고 묻는 남편에게 아이들을 맡기고 화장실로 들어갔습니다. 제 마음과 생각이 너무 끔찍하게 느껴졌습니다. 놀라고 힘든 마음을 어쩔 줄 몰라 한참을 앉아서 울며 기도했습니다.

그날 밤, 아이들이 모두 잠들고 남편에게 그때의 일을 이야기했습니다. 그날 저는 출산에 이어 일어난 일련의 일들이 얼마나 막막하고 힘들었는지, 자꾸만 해결되지 않고 생겨나기만 하는 문제들이 얼마나 버거웠는지를 울면서 이야기했습니다. 남편은 말을 끊지 않고 공감하며 들어주었습니다. 그리고 이후에 시어머니께도, 친정 엄마께도 그날의 일을 이야기했습니다. 겉으론 덤덤하게 이야기했지만 도움이 필요하다는 신호였지요. 가족들은 그 신호를 단번에 알아채고 시간이 될 때마다 음식을 보내 주고, 아이들을 돌봐 줄 테니 조금이라도 쉬라고 하며 마음을 써주고 힘을 보태 주었습니다.

몸이 회복되고 마음을 조금 추슬렀을 때, 큰아이와 누워 그날 하루가 어땠는지 이야기를 나누는데, 아이가 제 얼굴을 쓰다듬으며 물었습니다.

"엄마, 행복해?"

언제나 아이를 재우기 전에 눈을 마주 보고 얼굴을 쓰다듬으며 "오늘 하루 어땠어? 마음이 어때? 행복해?" 하고 물었는데, 아이가 그대로 제게 돌려주니 울컥 눈물이 났습니다. 들키지 않으려고 "응." 하고 아이를 안았는데 가만히 안겨 있던 아이는 "엄마, 괜찮아. 울지 마." 하고 등을 토닥여 주었습니다. 네 살에 벌써 이렇게나 마음이 커 버린 아이를 위해서라도 제가 더 행복해야겠다는 생각을 했습니다.

절대 참고 넘어가서는
안 되는 우울감

질병관리청에 의하면 산모의 85%가 일시적인 우울감을 경험한다고 합니다. 그중 10~20%는 치료가 필요한 산후우울증으로 발전하는데, 역설적이게도 누구나 겪는 우울감이라 여겨 중요한 치료 시기를 놓쳐 버리기도 합니다.

한때 인터넷에서 쓰이던 말 중에 "당근을 흔들어 주세요"라는 말이 있지요. '힘든데 내색을 못하고 억지로 견디고 있는 중이라면 우리에게 구조 사인으로 당근을 흔들어 주세요. 구하러 갈게요'라는 뜻이라고 합니다. 만약 번아웃을 넘어 스스로에 대한 무력감이 들거나 삶이 무가치하게 느껴진다면, 주변 사람들이 알 수 있도록 당근을 흔들어야 합니다. 나를 좀 도와달라고 말이죠.

🔵 임신 중 그리고 출산 후 우울증

　감정이 상황에 맞게 변화하지 않거나 노력해도 기분이 환기되지 않고 우울감이 지속되는 상태를 우울증이라고 합니다. 이 증상이 출산 후 한 달에서 수개월 이내 발생하여 2주 이상 지속되는 것을 '산후우울증'이라고 부릅니다. 임신 중에도 비슷한 증상이 높은 빈도로 발생하는 것을 고려해서 임신, 출산에 관련된 우울증을 통틀어 '주산기 우울증'이라고도 합니다.

　임신 중에는 유산에 대한 불안감과 입덧, 호르몬의 변화로 우울감을 느끼다가 안정기가 되면서 차츰 좋아지기도 합니다. 그러나 오히려 부모가 된다는 책임감에 스트레스를 받아 우울감을 느끼는 경우도 있습니다. 출산 후 첫 주에는 태아와 태반이 만출되면서 호르몬의 변화가 극심해져 감정이 요동칩니다. 그로 인해 우울감과 슬픔을 자주 느끼고 명확한 원인도 모른 채 눈물을 흘리기도 합니다. 자연스러운 현상으로 충분한 휴식과 수면을 취하고 육아에 적응을 하면서 서서히 좋아집니다.

　문제는 산후 우울감이 2주 이상 지속되는 경우입니다. 산후우울증은 일반적인 우울 증상(슬픔, 불안, 초조, 짜증, 불면 혹은 과수면, 무기력, 컨디션 및 집중력 저하, 몸의 통증) 외에 특징적인 우울 증상이 동반됩니다. 아기의 건강이나 사고에 대해 과도하고 부적절한 걱정을 보이거나 무관심하고, 아기에 대한 적대감을 느끼고 폭력적 행동을 보이거나, 자신이나 아기를 스스로 해칠 것만 같은 두려움 등을 느끼는 것입니다.

⬤ 번아웃과 우울증의 차이

'번아웃증후군'은 어떤 일에 열정적으로 임하다가 신체적·감정적으로 극심한 피로감과 무력감을 느끼는 것을 말합니다. 무력감과 좌절감, 우울감을 동반하기도 해서 우울증과 혼동하기도 하지요. 하지만 번아웃은 분명히 원인이 되는 '일'이 존재하고 그 일로부터 멀어지면 다시 기분을 회복할 수 있다는 특징이 있습니다. 하지만 우울증은 노력을 해도 우울한 기분에서 벗어나기 힘들고, 그런 증상들이 2주 이상 지속되는 것이 특징입니다.

⬤ 산후우울증 체크

한국판 출산 후 우울증 척도(K-EPDS)★로 산후우울증을 체크해볼 수 있습니다.

출산 후 검사를 시행하며 검사 당일이 아닌, 최근 일주일간의 감

★ 「한국판 Edinburgh Postnatal Depression Scale의 임상적 적용」, 김용구 외 4명 지음, 《신경정신의학》, 2008

정과 가장 가까운 항목에 체크한 뒤 체크한 점수를 더합니다. 계산된 총 점수를 확인합니다.

1. 우스운 것이 눈에 잘 띄고 웃을 수 있었다.	(0) 예전과 똑같았다. (1) 예전보다 조금 줄었다. (2) 확실히 예전보다 줄었다. (3) 전혀 그렇지 않았다.
2. 나는 어떤 일들을 기쁜 마음으로 기다렸다.	(0) 예전과 똑같았다. (1) 예전보다 조금 줄었다. (2) 확실히 예전보다 줄었다. (3) 거의 그렇지 않았다.
3. 일이 잘못될 때면 공연히 자신을 탓했다.	(0) 전혀 그렇지 않았다. (1) 자주 그렇지 않았다. (2) 가끔 그랬다. (3) 대부분 그랬다.
4. 나는 특별한 이유 없이 불안하거나 걱정스러웠다.	(0) 전혀 그렇지 않았다. (1) 거의 그렇지 않았다. (2) 가끔 그랬다. (3) 자주 그랬다.
5. 특별한 이유 없이 무섭거나 안절부절못하였다.	(0) 전혀 그렇지 않았다. (1) 거의 그렇지 않았다. (2) 가끔 그랬다. (3) 꽤 자주 그랬다.
6. 요즘 들어 많은 일이 힘겹게 느껴졌다.	(0) 그렇지 않았고, 평소와 다름없이 일을 잘 처리하였다. (1) 그렇지 않았고, 대게는 일을 잘 처리하였다. (2) 가끔 그러하였고, 평소처럼 일을 처리하기가 힘들었다. (3) 대부분 그러하였고, 일을 전혀 처리할 수 없었다.

7. 너무 불행하다고 느껴서 　　잠을 잘 잘 수가 없었다.	(0) 전혀 그렇지 않았다. (1) 자주 그렇진 않았다. (2) 가끔 그랬다. (3) 대부분 그랬다.
8. 슬프거나 비참하다고 느꼈다.	(0) 전혀 그렇지 않았다. (1) 자주 그렇지 않았다. (2) 가끔 그랬다. (3) 대부분 그랬다.
9. 불행하다고 느껴서 울었다.	(0) 전혀 그렇지 않았다. (1) 가끔 그랬다. (2) 자주 그랬다. (3) 대부분 그랬다.
10. 자해하고 싶은 마음이 생긴 　　 적이 있다.	(0) 전혀 그렇지 않았다. (1) 거의 그렇지 않았다. (2) 가끔 그랬다. (3) 자주 그랬다.

★ 정상 : 0~8점

★ 경계선 – 상담 수준 : 9~12점

★ 심각 – 치료 필요 : 13점 이상

※ 우울증 척도의 점수 나열은 경기도 정신건강 복지센터의 점수를 기준으로 하였고, 한국판 EPDS의 역채점을 고려하여 작성하였습니다.

※ 본 척도의 해석은 '질병관리본부 국가건강정보포털 홈페이지(http://health.cdc.go.kr/health/Main.do)'를 참고하여 작성된 경기도 정신건강 복지센터의 점수표를 따랐습니다.

🔵 우울에서 벗어나자!

　우울증에는 여러 가지 원인이 있습니다. 앞서 나왔던 번아웃증후군이 미처 해결되지 않고 지속되어 우울증이 되기도 하고, 육아 스트레스, 엄마로서의 책임감과 무력감, 여성으로서의 상실감, 부부간의 갈등 등이 원인이 되기도 하지요. 하지만 주로 일상생활에서 발생하는 문제들이 원인이 되기 때문에 원인을 완전히 없애기 힘든 경우가 많습니다. 그래서 심리치료사인 남편의 조언, 그리고 상담심리학 박사 박은정 교수님의 산후우울증 강의를 토대로 제가 일상을 유지하며 우울을 벗어나기 위해 했던 노력을 나눠 보려고 합니다.

① 꽃처럼 내게도 햇볕과 환기가 필요해요

시간을 내서 햇볕을 쬐고 오세요. 만약 상황이 여의치 않다면 아이가 낮잠을 잘 때 잠깐 창가에서 햇볕을 쬐는 것도 도움이 됩니다. 햇빛을 받으면 세로토닌이 생성되는데, 세로토닌이 심리적 안정감을 느끼게 하여 우울증 치료에 도움이 됩니다. 그리고 낮에 햇빛을 충분히 쬐면 수면 호르몬인 멜라토닌이 생성되어 밤에 숙면을 취할수 있습니다. 햇볕을 쬐기만 해도 규칙적인 생활 리듬을 물론, 우울감 감소에 도움이 되는 것이지요.

② 몸과 마음이 건강해지도록 운동을 해주세요

운동이 체내에 긍정적인 호르몬을 분비하고, 불안을 낮추며 우울감을 감소시킨다는 것은 잘 알려진 사실입니다. 하지만 우울감이 있는 사람이 육아를 하면서 주 2~3회 이상 꾸준히 운동을 하는 것은 쉬운 일이 아닙니다. 그러니 꼭 규칙적이지 않더라도 가벼운 산책 또는 스트레칭, 유산소나 근력 운동 등 일상 속 운동을 생각날 때 가볍게 해보는 것만으로도 좋습니다. 이는 나를 위해 생산적인 시간을 보냈다는 기분을 선사합니다. 이를 통해 몸도 마음도 건강해질 뿐 아니라, '나는 없고 가족만 있다'는 생각에서 벗어나는 데 도움이 됩니다.

③ 나의 감정 상태를 적극적으로 알리세요

임신과 출산을 겪고 나면 몸뿐 아니라 마음도 회복 기간이 필요합니다. 그런데 아무리 가까운 사이라도 나의 감정을 알아채지 못할 수 있습니다. 가까운 사람이나 가족이 알아채 주길 기다리지 말고 감정을 표현하고 도와달라고 말해야 합니다. 특히 몸이 편치 않은 산욕기에는 스스로 모든 걸 해내려 하기보다 함께 사는 가족에게 적극적으로 도움을 받아야 합니다. 가족은 산모가 틈틈이 휴식하고 수면을 취할 수 있도록 도와야 합니다. 그리고 산모의 수고에 대해 인정해 주어야 합니다.

혹시라도 도움을 청하는 산모에게 "유난 떤다." "한가해서 그렇다." 같은 말을 하는 사람이 있다면 마음이 회복될 동안 그 사람을 멀리하는 것도 방법입니다.

④ 엄마를 향한 아이의 열렬한 사랑에도 기한이 있답니다

육아에 너무 지쳐 '도대체 언제쯤 내 손길이 덜 필요할까?' '언제쯤 육아가 수월해질까?'만 생각하게 될 때가 있지요. 하지만 의외로 아이가 온전히 엄마 품에서 모든 걸 의지하며 나 좀 봐달라고 열렬한 사랑의 신호를 보내는 시기는 그리 오래가지 않습니다. 금방 엄마보다 친구가 더 중요해지는 시기가 오지요. 그러니 언젠가는 방문을 닫을 아이를 생각하며, 이 아이가 내게 필요로 하는 것이 서비스가 아니라 사랑이라는 것을 기억하면 훨씬 마음이 편안해질 거예요. 사실 저는 살면서 제 아이들이 아닌 어떤 사람에게서도 그렇게 무조건적인 신뢰와 절대적인 사랑과 온전한 애정을 받아 본 적이 없습니다. 온전히 저만을 향한 아이의 눈을 마주 보며 설령 통하지 않을지라도 대화를 나눈 것이 우울감을 이기는 데 큰 힘이 되었지요. 그리고 무엇보다 아이가 엄마의 사랑이 필요하다는 신호를 보낼 때 기쁘게 받아 줄수록 나중에 엄마가 아이에게 열렬한 사랑의 신호를 보낼 때 아이도 받아 줄 수 있다는 걸 기억해 주세요.

⑤ 기분 좋은 경험을 의도적으로 늘려 보세요

만약 지속적으로 부정적인 생각이 떠오른다면 현재 본인이 부정적인 생각에 집중하고 있다는 사실을 인정하고 의도적으로 기분 좋은 생각과 경험을 하려는 노력이 필요합니다. 영양가 있는 식사를 하고, 좋아하는 음악을 듣고, 상황이 허락한다면 가족에게 아이를 맡기고 남편과 잠깐 데이트를 하거나, 평소 즐기던 취미나 하고 싶었던 일을 하는 것이 기분 전환에 도움이 됩니다. 상황이 여의치 않다면 오늘 하루 감사한 일을 3가지 정도 적어 보는 감사 일기를 써보세요. 오늘 나의 잘한 점, 장점을 꾸준히 기록하는 것도 상당히 도움이 됩니다.

⑥ 노력해도 나아지지 않는다면 전문가의 도움을 받아요

엄마가 되어 처음 해보는 많은 일에 허덕일 때마다 여러 가지 감정에 휩싸이게 됩니다. 자책, 후회, 좌절, 우울감. 누구나 느낄 수 있는 감정이고 또 충분히 회복되지 않으면 심해질 수도 있지요. 그러니 나만 특별히 더 우울하고 불행하다는 생각에서 벗어날 필요가 있습니다. 다만 여러 노력에도 우울감이 지속되고, 특징적 우울 사고에서 벗어나지 못한다면 체계적인 도움이 필요합니다. 병원이 부담스럽다면 먼저 국가에서 운영하는 임신육아종합포털을 통해 온라인 상담을 받을 수도 있고, 지역마다 있는 심리상담센터를 이용하는 것만으로도 많은 도움이 됩니다. 하지만 상담 후 치료가 필요하다는 권유를 받는다면 본인의 의지만으로 회복하기 힘들기 때문에 너무 늦지 않게 병원을 찾아 적절한 치료를 받는 것이 중요합니다.

엄마가 되고 나면 자연스럽게 아이가 우선이 됩니다. 우리 엄마, 또 엄마의 엄마가 그랬듯이 내 몸보다 아이를 가장 귀하게 생각하게 되지요. 하지만 그런 강박이 지나쳐서 또는 처음 해보는 육아에 너무 지쳐서 스스로 불행하다고 느낀다면 아이도 행복할 수 없답니다.

스스로 귀한 손님 대하듯 잘 먹고, 충분히 쉬고, 시간을 내서 운동을 하고, 힘에 부칠 때는 도움을 받고, 감정을 묵혀 두지 않고 누군가에게 이야기하는 것은 엄마의 회복과 행복에 큰 영향을 미칩니다. 게다가 그걸 보고 자란 아이도 자기 자신을 아끼는 법을 배우게 될 것입니다. 그렇게 해야만 하는 이유는, 우리가 그 자체로 귀하고 소중하기 때문입니다. 다른 사람이 내 아이에게 친절하고 귀중하게 대해 주길 바라듯이 나도 나에게 그래야 합니다. 나는 소중한 사람이니까요.

2부

간호사 엄마도
아이가 아프면
당황스러워

- 육아 편 -

간호사여도
내 아이 예방접종은 힘들어!

_시기별 예방접종

생후 필수 예방접종에 대해서는 대부분 외우고 있었고, 병원에서 근무하면서 전염성 질환을 진단받은 소아들의 입원간호를 했었기 때문에 감염이나 예방접종에 대해서는 어느 정도 알고 있다고 자신했었습니다. 그런데 아이를 출산하고 보니 당장 첫 접종부터 제 뜻대로 되질 않았습니다.

B형간염 접종은 태어나자마자 병원에서 맞추었기 때문에 괜찮았는데, 결핵 예방 백신인 BCG 접종 일정이 문제였습니다. 저는 출산 전부터 BCG는 피내용으로 맞히겠다고 결심했습니다. 그런데 BCG를 4주 이내에 맞히면 된다고만 생각했지 언제 어디서 접종할지를 전혀 생각하지 않고 있었습니다. 아이가 태어난 지 3주가 되어갈 무렵 BCG 접종을 알아보다가 저는 예상하지 못한 상황과 맞닥뜨렸습니다. 지역 보건소에서 하는 피내용 BCG 접종이 이미 이루어진 후였던 것입니다. 일회용 약제로 한 명에게 전량 사용하는 경

피용 접종과 달리, 소량을 피부에 주입하는 피내용 접종은 한 앰플로 여러 사람이 동일한 때 접종을 해야 하기 때문에 보건소나 시행 병원에서 지정한 날짜에 미리 예약을 하고 가야 했던 것입니다. 물론 찾아보니 피내용 접종이 가능한 병원도 있었지만, 남편과의 일정이 맞지 않아 갈 수 없었습니다. 첫 접종인 탓에 혼자서는 정신이 없을 것 같았거든요.

제가 피내용 접종을 고집했던 이유는 경피용 접종은 아기가 보채다 보면 약이 어딘가 닦여서 흡수율에 차이가 생길 수 있다는 생각 때문이었습니다. 통계적으로 피내용과 경피용의 흡수율에는 차이가 없지만 그것은 닦이지 않고 온전히 흡수되었을 경우에만 성립되는 거라 생각했거든요. 그리고 저는 아이의 팔에 고농도의 결핵균을 바른 채로 3~5분 정도 약제가 마를 때까지 주사 부위를 열어 놓고 잘 보존할 자신이 없었습니다. 남편과 제가 둘 다 살성이 좋은 편이라 BCG 접종 자국이 거의 눈에 띄지 않으니 제 아이도 흉터가 크게 남지 않을 거라는 생각도 있었습니다. 하지만 이미 피내용 BCG 접종 시기를 놓쳤고, 4주 이내라는 기한도 다가오는 탓에 경피용 BCG를 접종하기로 하였습니다.

지금 생각하면 단순한 예방접종일 뿐인데, 처음이라 너무 긴장했던 듯합니다. 우는 아이를 안고 가방 챙기랴, 약이 옷이나 속싸개에 닦이지 않게 보고 있으랴, 혼이 나간 듯 정신이 없었습니다. 진료실에서 나와 접종 부위를 확인하는데, 우려가 현실이 되어 약이 마르지 않았는데도 접종 부위 아래쪽 일부가 속싸개에 닦이고 없었습니다. 이런 경우 어느 정도의 약이 피부로 흡수되었는지 확인할 수 없기에 투약을 다시 하지 않습니다.

아이는 정말로 그때 닦였던 부분의 약이 흡수가 안 된 건지 경피용 BCG 접종 흔적이 일부만 있습니다. 게다가 한 달 후쯤 경피용 BCG 접종 약제에서 소량의 비소가 검출되었다는 기사가 나와 피내용으로 접종하지 못한 게 어찌나 후회가 되던지요. 그나마 다행인 것은 주사제가 아닌 첨부용액(생리식염수)에서 검출된 것이어서 몸으로 실제 흡수되는 용량은 1일 허용치의 1/38 미만으로 매우 적은 용량이라는 점입니다. 그마저도 특별한 치료 없이 3~5일 이후 체외로 배출이 된다고 합니다. 또한 2018년 논란 이후 해당 제품은 모두 폐기한 상태이며, 새로 나온 백신은 비소가 검출되지 않은 제품이니 현재 시행되는 경피용 BCG에서는 비소를 걱정할 필요가 없습니다.

종류가 다양한 예방접종, 어떻게 선택해야 할까요?

예방접종에는 선택 사항이 없는 접종과 부모가 상황이나 특성을 고려해서 선택할 수 있는 접종이 몇 가지 있습니다. 이 선택 접종 때문에 엄마들은 머리를 싸매고 공부를 시작합니다. 아이의 건강과 직결되는 사항이 엄마의 선택에 달려 있다니, 부담스럽지 않을 수 없습니다. 단순히 '제일 좋은 것'을 하겠다고 할 수도 없습니다. 우리 아이에게 무엇이 제일 좋다고 누구도 확신해 주지 못하기 때문이지요.

BCG : 피내용 vs 경피용

피내용은 결핵균을 약독화한 약을 피부 내에 소량 주입하는 방식입니다. 과거에 기본적으로 접종했던 방식으로, 약물 주입 방식만으로도 통증이 동반되고 피부 과민반응이 일어나 '불주사 자국'이라 부르는 흉이 지기도 합니다. 이 때문에 미용적인 측면에서 기피하는 분들이 있습니다. 그리고 모든 병원에서 시행하는 것이 아니라, 기관에 따라 시행하는 날짜와 시간이 정해져 있어서 일정을 잡기 까다로울 수 있습니다. 하지만 무료 접종이며 저처럼 특정 사유로 선호하는 분들이 계시지요.

경피용은 고농도의 약을 피부에 바른 후에 9개의 얇은 바늘로 피부를 쿡쿡 두 번 찔러 피부에 흡수시키는 방법으로, 약을 바른 후 완전히 마를 때까지 주사 부위를 만지거나 닦아서는 안 되는 주의 사항이 있습니다. 만약 옷이나 속싸개에 약이 닦인다면, 결핵균이 묻은 것이기에 집에 가서 바로 세탁해야 합니다. 1회 1인용이기 때문에 한 아이에게 한 용량을 모두 사용하고, 많은 개인병원에서 시행하고 있기 때문에 예약을 할 필요는 없지만 유료 접종입니다.

사실 BCG 접종은 피내용이나 경피용 모두 접종 후 이상 증상이 있을 수 있습니다. 그러므로 아이의 살성이나 접종 방식의 특징을 고려해 선택하면 됩니다.

접종 후 맞은 부위가 빨갛거나 붓는 증상을 보이고, 한 달 이내 주사 부위가 곪는 형태를 보이기도 하는데, 이때 주의할 점은 그 상처를 일부러 긁거나 짜내지 말아야 한다는 것입니다. 그대로 두면 2~3개월 내 딱지가 생기며 대부분 자연적으로 염증이 가라앉게 됩니다.

만약 두통, 발열 같은 전신 증상이나 접종 부위와 가까운 림프절(주로 겨드랑이, 목)이 붓거나 커지는 증상이 보이면 병원에 가서 아이의 상태를 확인받아야 합니다.

🔵 로타바이러스 : 로타릭스 vs 로타텍

로타바이러스는 접종 자체가 선택인데 꼭 해야 하냐는 질문을 가끔 받습니다. 그때마다 저는 가능하면 꼭 접종을 하라고 권합니다. 서브소아 병동에서 일할 때 보면 로타바이러스 장염은 주로 미취학 어린아이들이 많이 걸리는데, 먹이면 토하고, 겨우 소화시키면 설사를 하니 탈수가 잘 와 아이들이 무척 힘들어하는 질환이기 때문입니다.

우리나라에서는 필수가 아니지만 많은 해외 국가에서는 필수로 지정한 예방접종이기도 하지요. 그래서 기관에 일찍 보낼 예정이라면 더욱 접종을 추천합니다.

일단 접종을 하기로 선택하면, 로타릭스와 로타텍 두 가지의 백신 중 선택을 해야 합니다. 다행히도 둘 다 먹는 약이고, 각각의 특징이 명확한 편입니다.

로타릭스는 로타바이러스의 여러 형질 중 가장 흔히 발현되는 한 가지 형질(한 가지 형태의 항원을 포함)에 대해 빠르게 항체를 형성해서 일찍 어린이집을 보내야 하는 엄마들이 주로 선택합니다. 2회 투약으로 끝나고 사람의 몸에서 추출한 균주를 이용했다는 특징이 있지요. 로타릭스를 만든 GSK 홈페이지의 설명을 참조하면, 백신 접종

2부. 간호사 엄마도 아이가 아프면 당황스러워   105

으로 한 가지 형질에 대해 형성된 항체는 다른 형질에 대해서도 교차 예방 효과를 내 보다 폭넓게 감염을 막을 수 있다고 합니다.

로타텍은 국내에서 많이 발현되었던 다섯 가지 형질(다섯 가지 형태의 항원을 포함)에 대해 항체를 형성하는 백신입니다. 3회 투약을 해야 하며, 사람과 소의 유전자를 재배열하여 얻은 균주를 이용했다는 특징이 있습니다.

흔히 장염이라 하면 식중독처럼 여름에 많이 걸린다고 생각하지요. 하지만 로타바이러스에 의한 장염은 주로 봄, 노로바이러스에 의한 장염은 겨울에 많이 나타납니다. 독감 예방접종을 해도 독감에 걸리는 사람이 있는 것처럼, 예방접종을 해도 드물게 로타바이러스 장염에 걸리기도 합니다. 그러니 우리가 할 수 있는 최대한의 방어막을 아이에게 형성해 주고, 평소 위생적인 생활 습관을 통해 늘 감염을 예방하는 것이 중요합니다.

⬤❙ 일본뇌염 : 생백신 vs 사백신

일본뇌염은 일본뇌염바이러스를 가진 빨간집모기에게 물려 감염되며, 사람에게 뇌염을 일으킵니다. 특별한 치료법도 없고 회복되더라도 후유증이 남기 때문에 반드시 백신을 접종해 주어야 합니다.

백신의 종류는 크게 생백신과 사백신으로 나뉩니다.

생백신은 살아 있는 균의 독성을 제거하거나 약하게 만들어 주입

- 육아 편 -

하는 백신으로, 12개월 간격으로 총 2회 접종만으로 끝납니다. 생백신 종류는 두 가지인데, 무료인 '햄스터 신장세포 유래 백신'과 '베로세포 유래 생백신'입니다.

사백신은 죽은 균의 일부를 이용하여 만든 항원을 주입하는 백신으로, 12년에 걸쳐 총 5회 접종을 합니다. 우리나라에서 접종하는 사백신은 '베로세포 유래 사백신'입니다. 사백신은 무료입니다.

이름도 생소한 베로세포는 WHO(세계보건기구)에서 백신 생산용 세포주로 선정한 것인데 이것을 실험실에서 배양하여 다양한 백신을 만들어 냅니다. WHO에서는 베로세포가 동물의 세포를 이용하지 않으니 안전성 면에서 더 우수하다고 보아 권장한다고 합니다.

한번 약제를 선택하여 접종하고 나면 추후에는 변경하거나 교차하여 접종할 수 없기 때문에 첫 접종 시에 특징을 잘 고려하여 선택해야 합니다.

💊 예방접종 하기 좋은 날이 있다고요?

접종은 아이의 컨디션이 좋은 날, 열이 없는 날 시행합니다. 몸에 균이 들어왔을 때 싸워 이길 능력이 있는 날에 접종을 하기 위해서입니다. 가능하면 오전에, 집에서 가까운 병원에서 접종하는 것이 좋습니다. 접종 후 오후에 부작용이 발생했을 때 바로 병원에 갈 수 있기 위해서입니다.

접종 후 주사 부위는 문지르지 않고 꼭 눌러 줍니다. 병원에서 흔히 엉덩이에 맞는 진통소염제나 항생제는 약이 잘 퍼지고 단단하게 뭉치는 것을 방지하기 위해 많이 문질러 주는 것이 좋지만, 정맥주사나 채혈, 링거, 예방접종 후에는 문지르지 않는 것이 좋습니다.

접종 후 통증을 느끼거나 빨갛게 부어올랐을 때는 차가운 수건을 대주면 도움이 됩니다. 접종열이 있을 경우 소아과를 내원하면 검진 후 해열제를 처방받아 먹일 수 있습니다. 이런 증상은 대부분 1~2일 이내에는 호전됩니다. 주사를 맞고 나서 지속적으로 보채거나 몸이 처지고, 잘 안 먹거나, 경련 또는 호흡곤란, 두드러기, 고열의 증상이 있을 때에는 빨리 소아과를 다시 찾아서 검진을 받아야 합니다.

🔵 예방접종일을 바꿔도 되나요?

BCG는 4주 이내 접종이지만 대부분 예방접종은 안내받은 날짜가 아닌 이후로 접종합니다.

예를 들어 B형간염 접종은 총 3회로 첫 접종은 출생 후 1주 이내(출산 병원에서 가급적 12시간 이내에 투약)에 하고, 2차 접종은 첫 접종일로부터 한 달 후, 3차 접종은 첫 접종일로부터 6개월 후에 이루어집니다.

만약 1월 1일에 태어난 아기라면 1월 1일에 첫 B형간염을 접종하게 되고, 2월 1일 이후에 2차 접종을 해야 합니다. 이때 4주 이내에 맞아야 하는 BCG와 함께 접종을 해도 될지 고민한다면 BCG 접종 기간은 4주 이내인 1월 28일 이전이고, B형간염 2차 접종은 1개월 뒤인 2월 1일 이후이니 원칙적으로 함께 맞힐 수 없습니다.

접종약마다 지켜야 하는 기간이 있고, 각각 기간의 최소, 최대 범위가 다르기 때문에 만약 권고받은 아이의 접종일을 피치 못할 사정으로 변경해야 하는 경우에는 반드시 소아과 전문의 선생님과 상의해야 합니다.

예방접종을 하고 왔는데 몸이 뜨끈뜨끈해요!

_접종열과 열 관리

엄마들이 어쩔 줄 몰라 발만 구르게 되는 첫 순간은 아이가 열이 날 때인 것 같습니다. 백일도 안 된 아기가 접종 후 열이 나면, 초보 엄마는 당황스럽습니다. 얼마 만에 한 번 열을 재야 하는지, 38도부터 약을 먹이라는데 그럼 37도 중반쯤에는 가만히 둬도 되는지, 막막하고 두렵습니다. 더욱이 담당 의료진의 견해가 내가 알고 있는 것이나 공부한 내용과 다르면 더욱 혼란이 옵니다. 저 역시 그런 경험이 있었습니다.

첫아이가 2개월이 되었을 때 폐렴구균 접종 후 담당 선생님께서 미리 접종열 안내를 해주며 타이레놀 처방을 해주셨습니다. 집에 와서 2시간 간격으로 열을 측정했고 접종 후 6~7시간이 지나자 37.8도 정도의 미열이 측정되었습니다. 병원에서 근무할 때 소아의 열 간호를 수도 없이 했음에도 2개월밖에 안 된 제 아이가 열이 나니 긴장이 되었습니다. 하지만 고열은 아니니 아이 옷의 단추를 열어 평소보다 조금 더 시원하게 해주고 고열을 대비해 1시간 간격으로 열을 측정했습니다. 폐렴구균 접종 후 부작용으로 열이 잘 오른다고 알고 있었기에 마음의 준비를 하고 있었지요. 그러다 밤이 되어 38.6도로 열이 올라서 안내받은 대로 바로 타이레놀을 먹었습니다. 아이가 너무 어리니 약을 먹인 후 잠깐도 잠을 잘 수가 없었습니다. 결국 1시간마다 열을 재며 뜬눈으로 밤을 새웠지요. 약을 먹고 이내 열이 내렸던 아이는 아침에 다시 고열이 측정되어 해열제를 먹이고 병원으로 향했습니다. 선생님께서 검진 후 접종열임을 확인해 주시며, 하루 이상 열이 나면 다시 병원으로 오라고 안내해 주셨습니다. 다행히 그날 오후부터는 열이 오르지 않았지만 아이는 폐렴구균 2차에도, 돌 이후 일본뇌염 사백신 접종 후에도 비슷한 패턴으로 접종열을 앓았습니다.

당시 첫째가 다니던 병원은 젊은 의사 선생님이 운영하는 깔끔한 느낌의 소아과였습니다. 반면 둘째가 다닌 소아과는 연세가 있는 선생님이 계시는 푸근한 느낌의 병원이었습니다. 병원과 선생님의 스타일처럼 접종열에 대한 처방과 대처도 무척 달랐습니다.

첫째가 다닌 병원에서는 집에서 당황할 엄마를 위해 미리 해열제를 처방하고 설명까지 해주었는데 둘째가 다닌 병원에서는 특별한 안내가 없었지요. 접종열을 여러 차례 겪었던 데다 둘째 아이는 생후 2주간 간간이 열이 났던지라 "접종열이 나면 집에 있는 해열제를 먹일까요?"라고 질문을 했습니다. 그러자 그냥 시원하게 해서 열을 조절해 주고 열이 계속 나면 다음 날 병원에 오라고 답변을 해주셨습니다. 저는 불안한데 태연하기만 한 선생님 반응에 "첫아이가 접종열이 있었던지라 늘 해열제를 먹였거든요. 아이 열이 39도 넘어가도 그냥 시원하게 해주기만 하면 되나요?"라고 재차 물었지요. 선생님은 곤란하다는 얼굴로 잠시 생각을 하시더니 "2개월밖에 안 된 아이에게 약을 먹이기가 좀 그래요. 최대한 옷을 벗겨서 열을 조절해 보시고 밤에 열이 나면 아침 일찍 병원으로 오세요."라고 답하셨습니다.

'100일도 안 된 아이를 열이 계속 나게 둬도 되나? 최대한 벗겨서 열을 조절해 보고도 안 되면 응급실로 가야 하나?'

첫아이와는 너무 다른 대처법을 제시받으니 혼란스럽고 불안했습니다. 하지만 정 안 되면 응급실로 가야겠다 생각하고 일단 집으로 돌아갔지요. 다행히 둘째 아이는 접종열이 오르지 않고 무사히 넘어갔지만, 그날 저는 밤새 마음을 졸여야 했습니다.

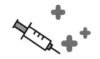

처음 겪는 접종열,
당황하지 마세요

초보 부모에게는 2개월 차 접종이 여러모로 참 어렵습니다. 예방접종 약을 선택해야 하는 것도 골치 아프고, 조그마한 아기에게 주사를 맞히는 것도 마음이 아픕니다. 더욱이 열까지 나면 걱정되고 속상하지요. 하지만 열보다 두려운 것은 열이 났을 때 어떻게 해야 할지 몰라서 아이에게 필요한 조치를 못 해주는 것입니다. 열 간호가 익숙했던 저 역시 긴장하며 밤을 꼬박 새웠으니까요.

● 열이 나는 원인을 알아 두면 좋아요

접종열은 예방접종 후 몸에서 면역반응으로 일어납니다. 저는 병원에서 보호자 분들에게는 '몸에서 접종할 때 들어온 균과 싸워 내고 있는 반응'이라고 설명하곤 했었습니다.

몸에 균이 들어왔을 때 그 균이 나쁜 균이라 판단되면 뇌에서 체온을 올려 열을 냅니다. 그러면 균의 활동은 느려지고, 혈액순환은 빨라집니다. 혈액 내 백혈구의 활동을 빠르게 해 잘 싸워 낼 수 있는 상태를 만들기 위해서이지요. 예방접종은 몸에 임의로 면역반응을 일으키는 것이니 접종열은 흔한 반응입니다.

접종열의 특징은 접종 후 24시간 이내 발생해서 이틀 안에 사라지고 대부분은 38도 선을 유지합니다. 만약 열 간호를 잘 하고 있고, 다른 증상이 없는데도 40도 넘게 열이 난다면 다른 질환은 아닌지 진료를 받아 봐야 합니다.

바로 이런 점 때문에 저희 두 아이가 접종했던 병원의 처방과 대처가 달랐던 것입니다. 열이 날 수 있지만, 일반적으로 뇌손상이 올 정도의 고열로 이어지지 않기 때문에 둘째 아이의 선생님은 2개월밖에 안 된 아이에게 해열제를 투약하는 것은 득보다 실이 많다고 판단한 것이지요. 반면에 첫째 아이의 선생님은 어차피 날 열이라면 굳이 불안해할 필요 없이 마음 편하게 상황을 지켜보자고 생각한 것이었습니다.

🔵 예방접종 전에 반드시 준비해 주세요

출산 준비물로 체온계를 구비하게 되는데, 그때 소지하고 있는 체온계의 정상범위를 미리 알아 두는 것이 좋습니다. 체온계도 그 방식에 따라 정상체온의 범위가 조금씩 다르기 때문입니다. 그래서 체온계를 구입하면 그 안에 있는 설명서를 보고 정상체온 또는 고열의 범위를 적어 두는 것이 좋습니다.

그리고 수유, 배뇨, 배변 패턴을 기록하는 것처럼 열이 나면 체온 양상을 시간과 함께 기록할 수 있게 노트나 어플을 준비해 주세요. 열 양상과 함께 약을 언제 먹었는지, 또 구토, 설사 양상, 컨디션이 어땠는지 등을 함께 기록하면 좋습니다.

🔵 열 관리 방법

① 테피드 마사지(Tepid massage)

미열이 있다고 하면 "옷을 벗기고 시원하게 해주세요."라는 말을 들어 본 적이 있을 거예요. 테피드 마사지는 열을 내리는 보조적인 방법입니다. 주변을 시원하게 하고 옷을 벗기거나 앞섶을 열어 두어 열기를 내보내고 미지근한 물로 몸을 닦아 물기와 함께 열을 증발시킵니다. 미온수로 몸을 닦을 때는 주로 목 뒤나 가슴, 겨드랑이 부근을 부드럽게 닦습니다. 이때 배뇨, 배변을 조절할 수 없는 아이들의 기저귀까지 벗길 필요는 없습니다. 또 열을 빨리 내리기 위해 몸을 찬물로 닦거나 찬물에 담그는 것은 추천하지 않습니다. 위험할 뿐 아니라 불편함과 불쾌감을 느낀 아이가 울다 오히려 지치게 되니 결과적으로 해열이 더 어려워지기 때문입니다.

테피드 마사지는 열이 오르는 중이라면 급격히 고열로 진행되는 것을 막아 주고, 고열일 때는 해열제 투약 이후 빨리 열을 내리는 데 도움이 된다고 봐서 일반적으로 시행되어 왔습니다.

그러나 소아과학회에서는 더 이상 테피드 마사지를 권하지 않는 다고 해요. 특히 해열제 복용 없이 단독으로 시행하는 것을 권하지 않습니다. 만약 테피드 마사지를 하는 동안 너무 울고 보채거나 오한 증상을 보인다면 중단하는 것이 좋습니다.

② 고열의 기준

약으로 열을 조절하도록 처방을 받았다면 안내받은 대로 약을 복약하면 됩니다. 그런데 100일을 기점으로 아이의 고열을 판단하는 기준이 조금 다릅니다. 100일이 안 된 아이는 체온이 38.0도를 넘을 때, 100일이 넘은 아이는 38.5도를 넘을 때 고열이라고 판단하고 약을 먹입니다. 아이는 아직 장기의 기능이 미숙하기 때문에 예방적으로 더 낮은 온도에서 약을 먹이는 것은 추천되지 않습니다. 하지만 소아과 선생님께서 특정 온도를 명시하며 그 이상이면 약을 먹이라고 처방했다면 그대로 따르면 됩니다.

4개월 이전의 아이들에게 처방받지 않은 약을 임의로 먹이는 것은 절대 금기이고, 이부프로펜 성분의 부루펜 계열 해열제는 6개월 이후부터 복약해야 하는 약제입니다.

🔘 약 먹는 걸 너무 싫어한다면

아이가 약을 잘 먹어 주면 좋겠지만 대부분 싫어하지요. 그런 경우 어떤 보호자 분은 아이 위에 올라타서 억지로 입을 벌려 약을 붓기도 하고 우는 아이의 목구멍을 겨냥해서 약을 붓는 분도 있었는데요. 이런 경우 약이 기도로 들어갈 수 있어 위험합니다. 또 아이가 구토를 할 수도 있지요. 약을 먹이는 가장 이상적인 방법은 아이를 부드럽게 감싸 안아 안정감을 느끼게 한 뒤 아이가 입을 벌리면 혀 아래나 입안 벽 아래쪽으로 조금씩 약을 흘려 넣어 주는 것입니다.

물론 현실은 대혼란 상태이기 때문에 이상적으로 먹일 수 없다 해도 아이를 단단하게 안은 뒤 약을 조금씩 흘려 넣어 주는 것이 좋습니다. 빠르게 먹이는 것보다 안전하게 먹이는 것이 더 중요하기 때문입니다.

만약 비위가 약한 아이가 약을 삼킨 후 바로 토한다고 해도 바로 다시 먹이지는 않습니다. 약이 얼마나 흡수되고 얼마나 토했는지를 정확하게 알기가 어렵기 때문입니다. 약을 추가로 먹이면 오히려 과하게 흡수되어 위험할 수 있습니다.

🔘 밤새 열이 났는데 아침에 괜찮아요. 병원에 가야 하나요?

접종 후 아이가 밤새 고열이 있었다면 해열되었다 하더라도, 다음 날 소아과를 들러 검진을 받는 것이 좋습니다. 단순한 접종열이 아니라면 추가적인 치료가 필요할 수 있기 때문입니다.

고열로 악명 높은
돌발진 체험기

_고열 관리

　아이의 접종열로 어느 정도 열에 단련되었다 생각했던 제가 정말로 열에 질려 버린 때가 있었습니다. 바로 아이가 돌발진을 앓았던 때입니다.

　코로나19가 대유행하기 시작하던 2020년 2월, 첫째 아이가 18개월이 되어 구강검진을 처음 다녀온 날 저녁에 친정에 들렀습니다. 치과가 힘들었는지 금세 잠든 손녀가 예뻐서 손을 살짝 잡아 본 친정 엄마께서 "어머, 애 손이 왜 이렇게 뜨겁노?" 하고 외쳤습니다. 아이의 손을 잡아 보니 정말 온몸이 뜨끈뜨끈 뜨거웠습니다. 열을 재보니 39.0도였지요. 깜짝 놀랐지만 그때는 처음 가본 치과에 대한 충격으로 열이 난다고 생각했습니다.

　친정에는 약이 없어서 집으로 돌아와 다시 열을 재보니 39.2도로 고열이 측정되어 부랴부랴 타이레놀을 먹인 뒤 아이 옷을 벗기고 시원하게 해주었습니다. 2시간이 지나 체온을 재보니 37도대로 떨어졌지만, 그날 밤 아이는 또 열이 오르며 몸이 뜨끈해졌습니다. 아이가 힘들어하지 않으니 좀 더 지켜볼까 했지만 저도 아이도 편히 자자는 생각에 약을 한 번 더 먹이고 잠이 들었습니다. 다음 날 아침 열을 재보니 또다시 39.6도로 측정되어 약을 거부하는 아이에게 해열제인 써스펜 좌약을 넣고 부랴부랴 병원으로 데려갔습니다. 병원에서는 독감 아니면 돌발진인 것 같다고 했습니다.

감기 증상도 없었고 처지거나 힘들어하지 않았다고 하니, 그것이 돌발진의 특징적인 증상이라고 했습니다. 돌발진은 아무런 증상 없이 열만 나서 특별한 치료법이 없다며, 계속 지켜보다가 48시간 이상 열이 나면 독감 검사를 해보자 하셨습니다. 결국 넉넉히 처방받은 해열제를 들고 비장하게 집으로 돌아왔습니다. 이때까지만 해도 돌발진은 열이 안 내린다는 말을 들어 오긴 했지만 정말 그렇게까지 징그럽게 열이 안 내릴 줄은 몰랐습니다.

얼핏 열이 내려도 미열, 겨우 약 먹여서 재워도 얼마 안 가 39도가 넘는 고열이 나니 아이가 비명을 지르며 깨곤 했습니다. 게다가 약을 안 먹는다고 보채는 바람에 얼마나 씨름을 했는지 모릅니다. 당시 아이는 18개월이었지만 제법 의사소통이 잘 되는 편이어서, 약을 꺼내 들기만 하면 "약 싫어요. 안 먹어! 하지 마요. 안 먹을 거야!"라고 외쳤습니다. 고열로 약을 토하거나 아예 입을 다물어 버리면 써스펜 좌약이라도 넣어야 했는데 "엉덩이 약 하지 마요! 싫어요!"

하고 소리치니, 아이를 어르고 달래고 혼내 가며 억지로 해열제를 투약하는 것이 정말 고역이었습니다. 한번은 제 입에 약을 떨어뜨린 후 너무 맛있다고 맛있는 척하며 약병을 내밀자 약병을 제 쪽으로 밀면서 "엄마 먹어요. 많이 먹어." 하는 바람에 분통이 터지면서도 눈물 나게 웃기도 했습니다. 그렇게 잠도 못 자고 1~2시간 간격으로 열을 재면서, 약을 안 먹겠다고 울고 보채는 아이와 씨름하다 지쳐버린 저는 결국 울음을 터트렸습니다. 정말로 제가 육아를 하다가 아이 약 먹이는 문제로 울게 될 거라곤 상상도 해본 적이 없었는데 말이죠. 그래도 정말 다행인 것은 그런 와중에도 아이 컨디션이 나쁘지 않았다는 것이었습니다. 오히려 평소보다 더 잘 놀고 더 잘 먹기도 했지요.

결국 열이 내리지 않아 독감 검사까지 했지만 선생님의 예상대로 아이는 돌발진이었지요. 정말 교과서에서 본 것처럼 만 3일이 되는 시점부터 열이 깨끗이 사라졌습니다. 열이 내린 다음 날에는 얼굴 티존(T zone) 부위부터 발진이 생기기 시작하더니 온몸으로 퍼졌다가 만 하루가 지나자 깨끗이 사라졌습니다. 정말 언제 아팠냐는 듯이 흔적도 없이 멀쩡해졌지요.

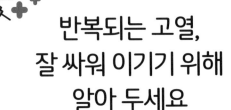

반복되는 고열, 잘 싸워 이기기 위해 알아 두세요

고열로 병원을 찾게 되면, 개인병원에서는 바로 혈액검사나 소변 검사를 하기보단 임상 증상을 기준으로 질환을 의심하게 되는데요. 보통 조절되지 않는 고열 발생 시 의심하는 질환은 돌발진, 요로감염, 독감으로, 세 가지 질환 모두 특징이 있습니다.

1. 돌발진 : 다른 증상 없이 갑자기 열이 나요

돌발진은 이름 때문에 돌치레로 생각하는 분이 많습니다. 돌발진은 돌발적으로 생기는 발진으로, 발진이 장미 모양처럼 생긴다고 해서 장미진이라고도 해요. 주로 6개월에서 2세 사이에 앓게 되는데 특별한 증상 없이 갑자기 고열이 발생해서 만 3일에서 5일가량 열이 나다가 갑자기 열이 사라지는 질환입니다. 약하게 감기나 장염 증상이 있는 경우도 있지만 특징적이지 않습니다. 다만 조절되지 않는 고열이 나는 데 반해 아이의 컨디션이 크게 나쁘지 않다는 특징이 있습니다. 열이 가라앉으면서 전신에 무증상의 돌발적인 발진이 나타나는데, 발진은 특별한 조치를 하지 않아도 사라집니다. 돌발진은 바이러스 감염에 의해 생기기 때문에 돌발진을 앓는 동안은 다른 아이들과 접촉을 하지 않아야 합니다.

고열 관리

2. 요로감염 : 아이가 굉장히 힘들어해요

요로감염은 1세 미만의 아이들에게서 흔하게 나타나는 질환입니다. 남자아이들보다 요도의 길이가 짧고 항문과 요도 사이가 가까운 여자아이들이 더 잘 걸리지요. 쉽게 조절되지 않는 고열이 며칠간 지속되고, 아이가 무척 힘들어하여 보채게 됩니다. 요로감염은 소변검사를 통해 확인할 수 있습니다. 체내 감염이기 때문에 치료를 위해서는 항생제 치료가 필요합니다. 전염성 질환은 아닙니다.

3. 독감 : 감기 증상이 두드러지고 몸살이 같이 와요

독감은 유행하는 시즌이 있습니다. 생후 6개월 이후의 아이는 예방접종으로 어느 정도 예방이 가능하지요. 일단 걸리게 되면 쉽게 조절되지 않는 고열과 함께 심한 근육통, 감기 증상이 동반되면서 아이가 몹시 아파하고 처지는 것이 일반적입니다. 독감이 의심되는 경우 검사 키트를 코나 목 깊숙이 넣어 검체를 채취하고, 10분 정도 기다리면 바로 결과를 확인할 수 있습니다. 전염성이 강하기 때문에 양성으로 확인되면 격리를 해야 하고, 타미플루라는 치료제를 복용하게 됩니다. 이 약은 총 5일간 복용을 해야 하고, 5일치 약을 다 먹기 전에 증상이 사라졌다 해도 처방받은 약을 모두 복용합니다. 약을 모두 복용하고 나면 격리를 해제하는데, 격리 해제 전 독감이 완전히 사라졌는지 재검사를 하진 않습니다.

🔵 해열제 복용 시 주의 사항

① 반드시 열을 재고 먹여 주세요

간혹 어르신들이 아이 머리를 만져 보고 열이 나서 약을 먹였다고 말씀하실 때가 있습니다. 아이들은 약을 해독하는 장기가 미숙하기 때문에 반드시 체온을 측정하고 고열인 경우에만 해열제를 먹여야 합니다. 고열이 아닐 때 해열제를 먹이면 저체온이 될 위험이 있고, 약물남용이 되기 때문입니다.

② 열 양상을 기록해 주세요

돌발진은 열이 수일간 조절되지 않는 양상이 특징입니다. 그런 경우 해열제를 먹이고 일정 시간이 지나도 열이 떨어지지 않으면 다른 약제와 교차 복용을 할 수 있습니다.

교차 복용이란 서로 다른 약제를 번갈아 가며 먹는 것을 뜻합니다. 아이에게 약을 투약할 때는 일정 시간 간격을 지켜 정확한 용량의 약을 먹여야 합니다. 반드시 언제, 몇 도에서, 무슨 약을 먹였는지 기록해 놓아야 안전하게 해열제를 먹일 수 있습니다.

③ 흔하게 복용하는 해열제의 종류와 특징

✛ 타이레놀 : '가장 먼저 접하게 되는 해열제'

임신 및 수유 중 열이 나거나 통증이 있을 때 먹는 약이 바로 타이레놀입니다. 아세트아미노펜이라는 단일성분으로 이루어져 있는데 해열제 중 임신 및 수유기에는 물론, 어린아이에게도 안전하다고 판단되어 6개월 이전 아기에게도 처방되는 해열제입니다. 타이레놀은 간에서 대사가 되기 때문에 과용량을 복용하면 간 손상을 일으킬 수 있습니다. 해열제로 처방받아 아이에게 먹이게 될 때는 반드시 적어도 4시간의 간격을 두고 먹이고, 하루 5회 이상 복용하지 않아야 합니다. 시럽이나 알약뿐 아니라 써스펜 같은 좌약 형태로도 판매되고 있습니다.

✛ 부루펜 : '6개월 이후에 만나게 되는 해열제'

부루펜은 20주 이상의 임산부에게는 안전성이 입증되지 않았습니다. 또 태아의 심장에 문제를 일으킬 수 있다는 보고에 의해 임부, 수유부, 6개월 미만의 아이에게는 금지된 약입니다. 이부프로펜이라는 성분으로 되어 있습니다. 부루펜은 신장에서 대사가 되어 과용하면 신장 손상을 일으킬 수 있어 신장 질환이 있는 사람들은 복용에 주의가 필요합니다. 한 번 투약한 이후 다음 투약까지는 적어도 4시간의 간격이 필요하며, 하루 5회 이상 복용하지 않습니다. 30kg 이하의 아이는 하루 25㎖ 이상 먹이지 않습니다. 이부프로펜의 부작용은 줄이고 효과만 남겨 뒀다는 '덱시부프로펜'이라는 성분의 약도 있는데, 부작용을 줄였다 해도 부루펜과 같은 성분의 약입니다. 따라서 덱시부프로펜과 이부프로펜 사이에도 4시간 이상의 간격을 둬야 합니다.

④ 교차 복용, 어렵지 않아요

한 가지 약을 먹이고 해열이 완전히 되지 않아서 다른 종류의 약을 추가로 먹일 때는 충분한 시간 간격을 두어야 합니다. 아이의 장기 기능이 미숙하기 때문에 과량 투약되지 않도록 주의해야 하지요. 해열제를 먹고 적어도 30분은 지나야 약효가 서서히 나타납니다. 일반적으로 해열제를 복용한 1시간부터 열이 떨어지기 시작해 총 1~1.5도가량 떨어지기 때문에 바로 해열이 되지 않는다고 해서 약을 더 먹여서는 안 됩니다.

약을 먹일 때는 동일한 약은 최소 4시간 이상의 간격, 다른 종류의 약은 적어도 2시간 이상의 간격을 두어야 합니다. 만약 타이레놀을 먹인 뒤 2시간이 지나도 고열이 지속되면, 4시간이 안 되었으므로 타이레놀 대신 부루펜을 복용해야 합니다. 부루펜을 먹인 지 2시간 지난 후에 잠시 떨어졌던 열이 다시 오른다면 타이레놀은 복용한 지 4시간이 지났기 때문에 이번에는 타이레놀을 먹입니다.

그렇지만 해열제 교차 복용이 열이 나는 기간을 줄이거나 중증도를 떨어뜨리지는 않습니다. 오히려 약물 오남용의 우려가 높아집니다. 그래서 정상체온으로 떨어뜨리기 위해 해열제를 복용하기보다는 열로 인한 아이의 불편한 증상을 개선하기 위해 꼭 필요한 경우에만 교차 복용을 하는 것이 좋겠습니다.

🔘 갑자기 열이 나면 집에 있는 해열제를 먹여도 될까요?

4개월 미만의 아이들은 타이레놀이라 하더라도 부모님이 임의로 약을 투약해선 안 됩니다. 6개월이 넘었을지라도 약은 반드시 처방에 의해 투약해야 하지만, 한밤중에 고열이 난다면 집에 있는 해열제로 일단 급한 불을 끄게 됩니다.

이때 이전에 처방받은 용량으로 투약하는 것이 가장 안전하지만 이전 용량을 모른다면, 체중에 맞춰 약의 용량을 정합니다. 저는 임의로 어린이 부루펜 시럽을 먹여야 할 때는 병동 근무할 때의 방식대로 체중을 3으로 나눈 용량으로 먹였습니다. 6kg이라면 2ml, 13kg이라면 4.3ml를 먹이는 것입니다. 그리고 타이레놀은 약상자나 인터넷을 보면 체중에 따른 약 용량을 쉽게 확인할 수 있습니다. 하지만 용량을 안다고 해도 아이에게 자주 처방 없이 약을 먹이는 것은 추천되지 않으니, 당장 병원에 못 갈 경우 급하게 하루 정도 경과를 볼 때에만 임의로 먹여야 합니다. 열이 지속되면 반드시 병원에 데려가야 합니다.

열이 계속되면 자는 아이를 깨워서라도 약을 먹여야 할까요?

열이 39도, 40도가 넘어가면 아이가 힘든 기색 없이 자고 있어도 부모의 마음은 힘들어집니다. 고열로 뇌손상이나 다른 문제가 생기는 것은 아닐지 덜컥 겁도 나지요. 하지만 특별한 증상이 없고 40도 이내의 열이라면 잘 자는 아이를 깨워 약을 먹일 필요는 없다고 해요. 자는 아이가 열이 나면 옷을 열거나 벗겨 시원하게 해줄 수 있고, 만약 아이가 몸이 힘들어 깬다면 당연히 약을 먹여 주어야겠지요. 다만 잘 자고 있더라도 호흡이 이상하거나, 경련 증상을 보이는 등 컨디션에 이상 증상이 있다면 바로 병원으로 가야 합니다.

미열과 고열이 반복될 때 열이 내리는 중인지, 오르는 중인지 어떻게 아나요?

해열제를 먹인 뒤 2시간 후, 아이의 체온을 재보니 37.9도일 때,

이게 내리는 열인지 오르는 열인지 헷갈립니다. 이 경우 확인할 수 있는 쉬운 방법이 있습니다. 그건 바로 아이의 손발을 만져 보는 것인데요. 손발이 차가우면 열이 오르는 중, 손발이 뜨거우면 열이 내리는 중이라고 생각하면 됩니다.

몸이 열을 올리는 상황에서는 대사를 빠르게 하기 위해 혈액이 중요한 부위로 몰리기 때문에 그 순간 중요하지 않은 말단, 피부에는 혈액이 많이 안 가서 손발이 차가워집니다. 반대로 열을 다 올린 후에는 모든 부위에 혈액순환이 잘 되면서 아이의 손발이 따뜻해집니다. 그때부터는 열을 더 안 올리니 서서히 열이 내리게 되지요.

🔵▷ 열성경련은 고열이 나면 무조건 나타나나요?

열성경련은 미숙한 아이의 뇌가 열에 흥분해서 일어나는 경련 증상입니다. 고열이 난다고 해서 모든 아이들에게 나타나는 증상은 아닙니다. 주로 첫돌에서 두 돌 사이에 처음 발생하고 한 번 발생한 아이는 고열에 접어들면 몇 번씩 재발할 수 있어서 병원에서는 열성경련을 한 적이 있는 아이들에게는 37.5도부터 해열제를 복용시켜서 열이 오르는 것 자체를 방지하기도 합니다.

열성경련의 증상은 열과 함께 주로 몸이 덜덜 떨리고, 몸이 뻣뻣해지거나 뻣뻣했다 풀렸다를 반복하는데, 서 있었다면 쓰러지기도 하고, 눕거나 앉아 있었다면 그대로 진행되기도 합니다.

이때 부모는 우선 아이를 옆으로 돌려 눕혀 질식을 예방하고, 떨어지거나 부딪힐 만한 위험한 물건을 아이 근처에서 치워야 합니다. 가능하다면 옆으로 눕힌 채로 고개를 살짝 올려 기도를 확보해 주면 더 좋습니다.

경련은 지속 시간을 확인하는 것이 중요하여, 경련이 시작되면 바로 시간을 확인해야 합니다. 이와 동시에 119에 연락을 합니다. 경련이 끝난 후 필요하면 산소공급을 받거나, 바로 병원으로 가기 위해서입니다. 그리고 어떤 양상으로 경련을 하는지, 의식소실이 있는지, 눈이나 고개가 돌아갔는지, 입술이나 입술 주변이 푸르게 변했는지 등을 확인해야 합니다. 만약 다른 보호자가 함께 있다면 한 명이 조치를 취하는 동안 핸드폰으로 아이의 경련 양상을 찍어 두는 것이 도움이 됩니다.

경련은 일반적으로는 5분을 넘기지 않고 끝납니다. 이후 아이는 처지거나 멍해지기도 하고, 잠이 들거나 울어 버리기도 합니다. 이렇게 경련이 끝난 신호가 보이면 마지막으로 끝난 시간을 확인합니다.

경련을 하는 동안 주의해야 할 것이 있습니다. 입안에 음식이 있을 경우 이를 빼내려고 손을 집어넣기도 하는데, 경련 중에 물리면 큰 사고가 날 수 있으므로 절대로 손을 입에 넣으면 안 됩니다. 그리고 아이를 흔들고 주무르는 행위는 뇌를 더 자극할 수 있으니 하지 않아야 합니다.

열성경련을 하면 열이 나는 원인을 치료하고 열을 조절해 주기 위해 병원을 꼭 방문해야 합니다. 경련 양상을 확인한 후 필요에 따라 검사를 진행하게 됩니다. 열성경련은 뇌에 후유증을 남기는 경우가 매우 드물기 때문에 너무 염려하지 않아도 됩니다.

수술할지 말지
엄마가 선택하라고요?

_설소대

아이를 낳아 키워 보니 예방접종부터 수면 습관, 수유 방식처럼 아이의 건강이나 생활방식 대부분을 제가 선택해야 할 때가 많았습니다. 그때마다 책임감과 함께 굉장한 부담감과 두려움을 느끼곤 했습니다. 그 처음이 바로 설소대 수술이었습니다.

아이가 생후 1달이 되던 때 B형간염 접종을 하러 간 보건소에서 설소대가 짧다며 소아과에 가서 다시 확인을 받아 보라는 이야기를 들었습니다. 그동안 혀의 모양이 특별해 보이지 않았고, 출산 병원과 산후조리원에서도 들어 보지 못한 이야기에 많이 당황스러웠지요. 그래서 한 번 더 확인을 해보기 위해 설소대 수술을 하는 소아과에 들러 검진을 받았습니다.

"50% 정도의 설소대 단축이 있지만 심하지는 않네요. 강력히 수술을 권할 정도는 아니라서 어머니께서 결정하시면 되겠어요."라는 의사 선생님의 말에 "제가 어떻게 결정하죠, 선생님? 전 결정 못하겠

- 육아 편 -

어요."라고 답했습니다.

"설소대가 짧은 정도를 0에서 100이라고 봤을 때 80%를 넘어가면 강력하게 수술을 권하는데요. 50%는 아주 짧지도, 그렇다고 전혀 안 짧은 것도 아니어서 반드시 해야 하는 건 아니에요. 간혹 수유나 영어 발음이 좋아지라고 하는 경우가 있는데, 결과에 대한 만족도는 주관적이어서 제가 결정해 드릴 부분은 아니에요." 하고 답을 주셔서 오히려 제 고민은 더 깊어졌습니다.

전문의가 꼭 필요한 게 아니라고 하면 당연히 할 필요가 없다고 생각하면서도, 수술을 하면 모유 수유가 편해질 수도 있다고 하니 당시 수유가 안 되어 애를 먹던 저는 고민이 되었습니다. 그리고 아이가 혀를 내밀 때 미세하게 혀가 W 모양이 되는 것 같기도 하고, 젖을 먹는 아이의 촙촙 소리가 계속해서 크게 들리는 것만 같았습니다. 며칠 밤을 새며 고민하다가 결국 모유 수유가 더 나아지기를 기대하며 수술을 결정했습니다.

드디어 수술 당일이 되었습니다. 저는 원래 선택한 일에 대해 후회를 안 하는 편인데, 두 달 된 아이의 혀 아래에 의료용 가위가 지나가고 아이가 울음을 터뜨린 순간, 저는 설소대 수술을 결정한 것을 바로 후회했습니다. 울음이 짧은 아이가 3분가량을 울었고, 지혈이 단번에 되지 않아 보통의 경우보다 10분을 더 지켜봐야 했습니다. 지쳐 잠든 아이의 입에는 피가 말라붙어 있었습니다.

지혈을 기다리는 동안 끊임없이 후회와 자책이 밀려왔습니다. '주

치의가 수술을 권했고 선택권이 나에게 없었다면, 이렇게 후회하지
는 않았을 텐데.' 하는 생각이 계속 들었지요. 더욱이 한동안 아이는
수술 부위가 아픈지 젖 먹기를 힘들어했습니다. 통증과 수술 부위는
금방 가라앉았지만 모유 수유는 6개월이 될 때까지 크게 수월해지
지 않았습니다. 그래서 설소대 수술을 하고도 꽤 오랫동안 후회를 했
습니다. 분명 그 당시 제게 최선의 결정이었음에도 결과적으로 안 해
도 될 수술을 했다는 생각을 지울 수가 없었지요.

설소대 수술,
왜 하나요?

설소대는 혀의 아랫바닥과 입의 바닥을 연결하는 막으로, 마치 얇은 힘줄처럼 보입니다. 설소대 단축증은 설소대가 짧아서 혀의 운동이 제한받는 것을 말합니다. 육안으로 잘 보이는 부분이기 때문에 소아과 검진이나 예방접종 전 검진 때 주로 발견됩니다.

🔘 어떤 경우에 주로 수술하나요?

아이가 울거나 혀를 내밀 때 혀가 충분히 내밀어지지 않고 W 모양으로 보이거나, 모유 수유에 어려움이 있을 때, 소아과 검진 후 단축증이 확인되면 상의하여 수술합니다. 과거 영어 조기교육이 열풍일 때는 설소대 단축이 아닌데도 영어 발음의 개선을 위해 이 수술을 많이들 했지만, 사실 영어 발음과의 상관관계는 확실하지 않다고 합니다. 하지만 검진을 통해 설소대 단축이 80% 이상으로 판단되어 수술이 필요한 경우에는 수술 후 모유 수유와 발음에서 모두 효과가 도드라진다고 합니다.

💊 설소대가 짧은 채로 두면 어떻게 되나요?

수유할 때 아이들은 혀로 엄마의 가슴을 잡고 완전한 진공 상태에서 젖을 먹습니다. 그런데 혀가 짧으면 가슴을 놓쳐 공기가 들어가게 되어 충분한 양을 먹지 못하고 헛배가 부르게 됩니다. 그러다 보니 금방 배가 꺼지고, 가스가 차서 고생할 수 있습니다. 엄마 역시 아이가 제대로 젖을 물지 못하니 유두가 꼬집혀 아픕니다. 당연히 수유를 오래 지속하기 힘들어지지요.

그리고 설소대 단축증이 있지만 수술하지 않을 경우 일부 'ㄷ, ㄹ, ㅈ, ㅅ' 발음이 잘 되지 않을 수 있다고 합니다. 하지만 수술 후 재유착이 되기도 하고 설소대가 있어도 발음이 정확한 경우도 많기 때문에 일반적으로 아이가 수유를 잘한다면 발음 교정만을 목적으로 신생아 시기에 수술을 권하지 않는다고 합니다.

누구도 부모의 결정을 대신 책임져 주지 않습니다. 부모의 결정을 온전히 감당하는 것은 '아이'지요. 저는 제가 아이의 돌이킬 수 없는 부분을 결정해야 한다는 사실과 아이가 오롯이 그 책임을 저야 한다는 사실이 무척 버겁게 느껴졌습니다. 하지만 이제 다섯 살이 된 아이는 제 생각과 달리 꽤 많은 것을 스스로 선택하고 감당하며 적응하더군요. 그제야 저는 제가 모든 것을 결정하는 것도 아니고, 그 결과가 아이에게 막대한 영향을 미치는 것만은 아니라는 것을 깨달았습니다. 하지만 여전히 아이 문제로 결정을 해야 하는 순간이 오면 저는 또다시 고심하고 최선을 다해 공부합니다. 제가 할 수 있는 것은 그것뿐이니까요. 그리고 결정 후에 후회가 될 때는 친정 엄마가 하신 말씀으로 위안을 삼습니다.

"세상에 완전히 맞는 양육법이나, 절대적으로 잘한 선택이라는 건 없다. 나중에 애가 잘되면 그때 그 방법이 맞았구나, 그 선택이 옳았구나 하는 거고, 애가 잘 안되거나 마음에 상처가 있거나 하면 그때 그 방법이 아니었구나, 그 선택이 틀렸구나 하는 거지. 엄마는 그냥 그 순간에 할 수 있는 만큼 열심히 하는 거고, 그때 최선을 다했으면 된 거다. 지금 네가 한 게 맞는지 틀린지는 애들이 다 커봐야 아는 거니까, 너무 미리 마음 쓰지 마라."

순식간에
꽈당!

_낙상 사고

높은 곳에서 떨어지거나 바닥에서 미끄러지고, 앞으로 고꾸라져서 다치는 것을 모두 낙상 사고로 봅니다. 병원에서는 입원 환자의 낙상에 주의하기 위한 여러 가지 예방법이 있습니다. 병동에서 미끄러운 신발을 신지 않기, 바닥에 물이 있으면 바로 닦기, 침상 측면에 난간 올리기, 아이의 경우 난간에 판 대주기 등등이지요. 이렇게 예방을 하고 신경을 써도 낙상은 언제나 일어날 수 있는 사고입니다.

사실 제게 낙상 사고는 절대 없을 거라 생각했습니다. 왜냐하면 아이를 아예 높은 곳에 두지 않으면 사고가 날 일이 없다고 생각했으니까요. 하지만 이런 생각을 했다는 것조차 민망할 만큼 첫째 아이는 유난히 낙상을 많이 했습니다. 지금 와서 생각해 보면 그때 왜 그렇게 조심하지 못했을까 싶지만, 당시에는 안일함 반, 무지함 반으로 아이를 다치게 했던 것 같습니다.

- 육아 편 -

5개월경, 아이가 뒤집기를 하기 전이어서 저는 요통 때문에 바닥 생활을 하지 않고 침대에서 기저귀를 갈고 옷을 갈아입히는 일상적인 케어를 했습니다. 제가 쓰던 침대는 아기가 바로 생길 거란 생각은 꿈에도 못하고 프레임을 특별히 높게 제작한 것이었습니다. 덕분에 저는 침대에서 아이를 돌볼 때는 크게 허리통증을 느끼지 않을 수 있었지요. 그게 아이의 안전에 독이 될 줄은 전혀 생각하지 못했습니다.

여느 때와 같이 아이를 침대에 눕힌 채 물티슈를 가지러 가면서, 첫 뒤집기를 할 수도 있으니 아이의 양옆에 높은 베개를 놓아 두었습니다. 그리고 물티슈를 집어든 순간 아이의 찢어질 듯한 비명과 울음소리가 들렸습니다.

급하게 방으로 뛰어 들어가 보니 아이가 누워 있던 자리가 비어 있었습니다. 깜짝 놀라서 주변을 둘러보니 침대와 그 옆에 있던 범퍼 침대 사이에 아이가 천장을 바라보고 누워서 얼굴이 빨개지도록 울고 있었습니다. 순간 머리가 하얘지면서 아이를 덥석 안고 머리를 어루만지며 "미안해. 엄마가 미안해. 미안해." 하며 울어 버렸습니다.

일반 남성의 허벅지 정도 오는 높이의 침대에서 딱딱한 바닥으로 떨어졌을 아이를 머릿속으로 떠올리면서 얼마나 자책을 했는지 모릅니다. '5개월밖에 안 된 애를 떨어뜨리다니, 나는 엄마 자격도 없다. 간호사 자격도 없다.' 하면서요.

당시 오후 6시가 넘은 시각에 차도 없었기에 병원에 데려가야 하나 하며 아이를 살폈습니다. 다행히 혹이나 멍은 보이지 않았습니다. 하지만 정확히 어디를 부딪혔는지도 확인되지 않는 상태였지요. 그나마 길게 울지도 않고, 아이를 보니 눈맞춤도 잘하고, 처지거나, 심하게 울거나, 불안해하는 등의 컨디션 변화도 없었습니다.

그래서 그날 하루는 아이를 지켜보기로 했습니다. 당장은 병원이 문을 닫은 시간이라서 가려면 응급실에 가야 했고, 병원에 가도 X-ray를 찍은 뒤 지켜보는 것 외에는 할 수 있는 게 없을 텐데 싶은 마음에 당장 이상 양상이 없으니 집에서 더 관찰해 보기로 한 것이지요.

하지만 제가 간호사라 해도, 아이의 건강을 보장할 수 없다는 생각이 자꾸만 들었습니다. 그래서 좀 지켜보기로 하고도 혹시라도 머리 안으로 피가 나거나 고여 있진 않을까 하는 불안감에 수도 없이 남편에게 "지금이라도 병원 갈까?"라고 말하며 괴롭혔습니다. 다행히 다음 날 아침 소아과에서 검진을 받으니 "일단은 큰 이상이 없는 것 같으니 앞으로 주의하며 잘 지켜봅시다." 하는 말을 듣고 집으로 왔습니다.

그렇게 크게 놀란 사건이 있었으니, 그 뒤로는 낙상 사고가 없어야 했지만, 유아 식탁 의자에서 한 번, 욕실에서도 한 번, 부엌에서 또 한 번 쾅당하는 일이 있었습니다. 정말 순식간에 일어났던 사고들로, 그때마다 가슴을 쓸어내렸습니다.

위험한 낙상 사고, 대처하는 법

아이는 로봇이 아니지요. 아이를 원하는 대로 통제할 수도 없고 그래서도 안 되니, 부모는 최대한 옆에서 아이를 지켜봅니다. 하지만 24시간 아이만 바라볼 수는 없는 노릇입니다. 그럴 때는 주변 환경을 통제하는 방법으로 아이를 보호해야 합니다.

🔵 낙상 사고를 예방하려면 어떻게 해야 할까요?

4~6개월경 영유아 검진을 가면 아이를 혼자 침대나 욕조에 두지 말라고 교육을 받습니다. 이 기본 원칙만 잘 지켜도 충분히 낙상 사고를 줄일 수 있습니다. 아이를 소파나 침대, 욕조나 화장실에 혼자 두지 않으며, 미끄러운 바닥에는 미끄럼 방지 매트를 설치해야 합니

다. 또 바닥에 물기가 있으면 바로 닦고 유아 식탁 의자에 앉힐 때는 안전벨트를 반드시 착용해야 합니다.

🔘 낙상 사고가 나면 어떻게 해야 할까요?

① 아이를 진정시키며 어디를 다쳤는지 확인해요

아이가 낙상을 하면 다친 부분을 확인해야 합니다. 대부분 보호자가 자리를 비우거나 잠시 고개를 돌린 사이에 사고가 일어나기 때문에 아이가 어떻게 떨어져 어디를 다쳤는지 목격하지 못하는 경우가 많습니다. 그런 때는 우선 아이를 진정시키며 어디에 얼마나 멍이 들거나 다쳤는지를 확인해야 합니다. 의사표현이 가능하다면 아이에게 물어보면 되지만, 그렇지 않으면 아이가 손으로 어디를 만지는지 확인하고, 그보다 더 어린아이라면 엄마가 직접 부드러운 손길로 구석구석 이상이 있는 부분을 확인해야 합니다. 이때 주의할 점은 우는 아이를 진정시킨다고 아이를 세게 흔들거나 아이를 안은 채로 큰 반동을 줘서는 안 된다는 것입니다. 혹시 아이가 머리를 다쳤을 경우 더욱 위험해질 수 있습니다.

② 무엇을 확인해야 할까요?

낙상 사고 시 가장 우려하는 것은 골절이나 뇌손상이지요. 팔, 다리의 움직임과 잡거나 밀 때 힘이 들어가는 정도가 이전과 다르거나

142

확연히 떨어진다면 병원에 가야 합니다.

그리고 평소와는 다르게 구토를 하거나 눈맞춤을 제대로 하지 못하고, 지나치게 길게 울거나 심하게 보챌 때 또는 반대로 자꾸 자려고 하거나 처지는 양상을 보인다면 뇌를 다쳤을 수 있으므로 곧바로 응급실로 가거나 119에 전화하여 도움을 받는 것이 좋습니다. 만약 뇌손상으로 안에서 출혈이 생기면, 뇌압이 올라가면서 앞숫구멍(대천문)이 닫히지 않은 아이에게서는 상대적으로 부드러운 부분인 앞숫구멍이 부풀어 올라 팽팽하게 만져지기도 합니다. 하지만 앞숫구멍을 부드럽게 확인하지 않고 세게 만지거나 눌러 보는 행동은 피해야 합니다.

❸ **특이 증상이 없다면 병원에 안 가도 되는 걸까요?**

일단 아이가 다쳤다면 바로 병원에 들러서 전문의의 진료를 받는 것이 가장 안전하고 좋습니다. 하지만 특이 증상이 없고 다니는 병원이 문을 닫은 시간일 경우 그때마다 응급실에 가는 것은 아이에게도 부모에게도 부담스럽습니다. 특이 증상이 없음을 확인했다면 아이를 진정시키고 잘 관찰하면서 지켜보다가 다음 날 일찍 외래나 병원을 내원해도 괜찮습니다. 하지만 병원에서 당장은 괜찮다는 확인을 받아도 증상이 나중에 나타나기도 하므로, 며칠간은 아이의 상태를 유심히 지켜보다 특별한 증상이 나타나면 바로 병원에 가야 합니다.

❹ 만약 응급실에 가면 어떤 치료를 받게 되나요?

낙상 사고로 응급실에 가면 우선 응급의학과 선생님께서 아이의 상태를 검진하여 혹이 나거나 멍이 든 부분을 확인하고 상의 후 X-ray를 찍게 됩니다. 이때 어린아이가 방사선에 노출되는 것이 염려될 수 있지만 빨리 문제를 발견하는 것이 소량의 방사선 노출로 인한 위험보다 중요하다고 보기 때문에 검사를 진행합니다.

그런데 아이가 특이 증상을 보이지 않는 경우, 검사상 이상이 없거나 두개골에 실금이 간 경우가 대부분이라고 합니다. 이런 경우 특별한 치료법이 없습니다. 다만 금이 간 부분이 잘 붙는지를 지켜보는 기간을 가집니다.

만약 특이 증상이나 육안상 문제가 있을 경우 또는 검사상 이상이 있어서 특별한 조치가 필요해진다면 CT 등의 추가 정밀검사가 이루어집니다. 그 후 검사 결과에 따른 치료를 하게 됩니다.

눈 깜짝할
사이에!

_자상 사고

첫째가 갓난아기였을 때는 겁이 많고 조심성이 있어 보였습니다. 그런데 아이가 잘 걷고 뛰게 되면서부터는 출처를 알 수 없는 상처가 생겨 있곤 했습니다. 워낙 통증이나 불편함을 잘 참는 아이라서 다쳤을 때는 몰랐다가 씻을 때 따가워해서 살펴보면 새로운 상처가 있는 식이었지요. 그래서 더 유심히 살피려고 노력했지만, 사고란 너무 순식간에 벌어지는 일이라 막을 수 없다는 걸 깨달은 순간이 있었습니다.

아이가 23개월경이던 주말 저녁, 친정에서 시간을 보내고 있었습니다. 아이가 어지른 바닥을 청소하고 있는데, 남편과 친정 엄마가 비명을 질렀습니다. 놀라서 돌아보니 남편이 아이의 손을 움켜쥐고 있었습니다. 상황은 이랬습니다.

아이가 서랍장을 뒤지며 놀고 있어서 남편은 텔레비전을 보며 아이의 모습을 간간이 지켜보고 있었다고 합니다. 그때 친정 엄마가 아이 옆에 앉았는데, 아이가 빨간 통을 집어 들더니 안의 구멍에 손가락을 집어넣고 돌리다가 멈칫했다고 합니다. 남편은 그 통이 뭔지 몰랐기에 크게 관심이 없었지만 엄마는 그 통이 뭔지 알았기에 "애기 손!" 하며 소리를 질렀고 그 소리를 듣고 놀란 남편이 봤더니 손에서 피가 줄줄 흐르고 있었던 거지요. 그 빨간 통은 제가 오래전에 쓰던 수동 연필깎이였습니다. 오래되었다고 해도 결혼 몇 년 전에 산 것인 데다 잘 쓰지 않아 내부 상태가 깨끗했지만 순간 머릿속이 복잡해졌습니다.

남편은 지혈을 위해 다친 부위를 손으로 누르고 있었고, 아이는 베인 통증에다 아빠가 손을 누르는 불편감이 더해져 얼굴이 빨개지도록 울고 있었습니다. 저는 우선 당황한 친정 엄마께 수건과 소독약, 멸균솜과 후시딘 연고, 밴드를 갖다 달라 하고 아이의 손을 압박하던 남편의 손을 살짝 들어 상처를 확인했습니다. 오른손 두 번째 손가락 윗마디 끝이 베어서 손톱이 일부 떨어져 나갔고 안쪽 상처에서 피가 멈추질 않고 있었습니다. 일단 수건을 바닥에 깔고 아이 손에 소독약을 부었습니다. 친정집에는 상처가 났을 때 피를 씻어 내기 좋은 생리식염수가 없었고, 오래된 물건인지라 세균 감염이 우려돼 알코올이라도 부어서 세척을 했습니다. 세척하고 보니 상처는 생각보다 깊지 않고 떨어져 나간 부분도 크지 않았습니다. 저는 일단 지혈이 되면 응급실은 안 가도 되겠다는 생각이 들어 소독솜을 상처 부위에 대고 아이 손을 심장보다 높이 들어 압박했습니다.

지혈을 하느라 아이의 손을 꼭 잡고 가만히 안고 있으니 그제야 심장이 쿵쿵 뛰며 마음이 아팠습니다. 살짝 긁힌 상처도 마음이 아픈데 피가 철철 흐르다니! 하지만 모두가 너무나 놀라고 걱정하는 중에 저까지 안절부절하고 불안해하면 안 될 것 같아서 마음을 다잡았습니다.

아이는 파상풍 4차 접종까지 마친 상태였기 때문에 저는 지혈이 되면 소독하고 연고만 발라도 되겠다는 생각이 들었습니다. 응급실에 가봐도 특별한 처치는 없을 것 같아서 그럴 바에야 아이가 가장 편하게 생각하는 제가 소독하고 관리하는 게 낫겠다고 판단한 거지요. 평소 좋아하는 비타민을 조금씩 주며 진정시킨 뒤 압박하던 솜을 살짝 떼보니 출혈이 줄어들었기에 소독솜으로 닦아 밴드를 붙였습니다. 그리고 다시 손으로 압박하여 지혈을 했더니 다행히 얼마 안 가 피가 멎었습니다. 상처를 다시 확인하니 생각보다 더 얕고 깨끗한 상처였습니다. 그래서 연고를 도포하고 밴드를 갈아 주었습니다.

아이는 오른손을 자유롭게 쓰지 못하니 불편해하고 손으로 밴드를 뜯기도 했지만 다친 지 3일째부터는 상처에 제법 새살이 차올라서 밴드가 없어도 불편해하지 않았습니다. 그래서 상처를 열어 두고 연고만 발라 주자 아이는 힘들어하지 않고 생활했습니다.

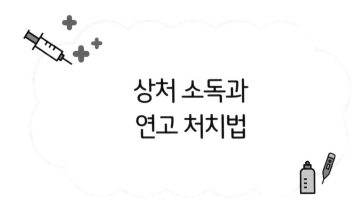

상처 소독과
연고 처치법

저는 수술 환자를 케어하는 병동 근무를 했고 정형외과 병원에서 병동 PA(Physician Assistant, 전공의 역할을 보조하는 전담간호사)로 드레싱을 직접했기에 두려움 없이 상처 치료를 했지만 일단 아이가 피가 나면 당황하게 되더군요. 그래도 몇 가지를 기억하면 당장 응급실로 가야 하는지, 응급조치 후 날이 밝은 뒤 소아과로 가도 되는지 판단하는 데 도움이 됩니다.

🔘 녹슬고 오래된 물건에 베었어요

오래된 날카로운 물건에 아이가 베이거나 다친 경우 가장 두려운 건 파상풍입니다. 파상풍은 다치고 3일에서 3주 이내에 증상이 발현됩니다. 증상이 나타나면 늦기 때문에 파상풍 접종을 시행한 지 오래되거나, 녹슬고 더러운 물체에 의해 상처를 입었다면 바로 병원으로 가는 것이 좋습니다. 주로 마비 증상이 나타나는데, 처음에는 다친 부위에 근육 위축이 나타나고, 나중에는 전신에 마비가 와 사망하게 되는 무서운 질환입니다. 그러나 다행인 것은 6개월까지 마쳐야 하는 파상풍 기본 접종 3회를 맞혔다면 기본적 면역이 생성되었다 할 수 있습니다. 만약 6개월 이하의 어린아이가 다쳤다면 우선 아이의 안정과 상태 확인이 가장 중요하니 상처의 정도에 따라 바로 병원으로 가는 것이 좋습니다. 그리고 추가 접종까지 마친 사람이라 해도 마지막 접종을 한 지 10년 이상 되었다면 병원으로 가서 상처 확인 후 파상풍 추가 접종을 해야 합니다.

⬤ 상처는 작아 보이는데 피가 안 멎어요

상처가 별 문제없어 보여도 지혈이 안 된다면 바로 병원으로 가야 합니다. 상처 부위를 깨끗한 멸균 수건이나 거즈로 압박했는데도 새빨간 피가 주르륵 흐르는 것이 반복된다면 봉합이 필요하거나 안쪽의 큰 혈관이 다친 것일 수 있기 때문에 빨리 병원으로 가서 처치를 받아야 합니다.

🔵 뭘로 소독을 하면 좋을까요?

상처가 났을 때 씻어 내기 가장 좋은 세척액은 생리식염수입니다. 대부분 알코올이나 과산화수소 같은 소독제를 사용해야 한다고 생각하지만 이것들은 항균 작용을 하면서 정상세포도 손상을 입히기 때문에 씻어 내는 데 사용하기 좋지 않습니다. 상처가 나서 피가 흐르거나, 상처에 이물질이 묻어 있다면 우리 몸의 체액과 같은 생리식염수로 씻어 내는 것이 가장 좋습니다. 하지만 집에 멸균된 생리식염수가 없다면 깨끗한 수돗물로도 상처를 씻어 낼 수 있습니다.

이후 세균 감염이 우려된다면 소독을 하고 연고를 바릅니다. 소독용 에탄올은 과산화수소처럼 항균 작용을 하여 생활 속에서 다양하게 사용되지만 알코올 성분이 자극을 줄 수 있고 피부가 건조해질 수 있어서 넓은 상처에는 사용하지 않습니다. 빨간 약이라 부르는 베타딘은 가장 광범위한 항균 작용을 하는 소독제로, 완전히 마른 뒤에는 멸균 소독 효과가 있어서 바른 후 완전히 말리고 연고를 바릅니다. 요즘은 면봉 형태로 나온 소독약도 있어 상비약으로 구비해 두면 좋습니다.

상처 소독을 할 때는 반드시 상처 부위를 직접 소독하고, 상처 안쪽에서 바깥쪽으로 둥글게 원을 그리며 닦아 낸 뒤 사용한 소독솜은 재사용하지 않고 버립니다.

🔵 연고는 뭘 바르면 좋을까요?

비판텐은 모유 수유 중 유두균열이나 신생아의 피부에도 사용 가능해서 출산 직후 대부분의 산모가 구비하고 있습니다. 광범위한 피부염 치료제로 사용되지요.

아이에게 주로 사용하는 처방전 없이 구입할 수 있는 연고는 후시딘과 마데카솔입니다. 후시딘은 '푸시드산'이라는 항생 성분으로 피부에 세균이 자라나는 것을 억제해 상처가 덧나지 않게 해줍니다. 피부 투과성이 좋아 딱지가 생긴 상처에도 잘 흡수되지요. 마데카솔은 '센텔라 아시아티카'라는 식물 추출물이 주성분인데, 상처 치유를 촉진하는 작용을 합니다. 항생제가 추가된 '마데카솔 케어', 스테로이드가 추가된 '복합 마데카솔' 등 종류가 많으니 확인하고 사용하도록 합니다.

저희는 엉덩이 발진, 땀띠에는 비판텐을 바르고, 얕은 상처에는 마데카솔, 깊거나 염증이 생길 것 같은 상처에는 후시딘이나 에스로반을 사용합니다.

🔵 습윤 밴드는 일반 밴드와 다른가요?

상처가 완전히 건조되어 딱지가 앉으면 그 자리에 흉터가 남을 수 있습니다. 그래서 연고를 바르고 밴드를 붙이곤 하지요. 요즘엔 흉터를 남기지 않고 깨끗이 낫게 하기 위해 습윤 밴드를 많이 사용합니다. 습윤 밴드는 진물(삼출물)이 있는 상처에 사용하는데, 깊거나 염증이 있는 상처는 세균이 번식할 수 있어 사용하지 않아야 합니다. 얇고 깨끗한 상처에 주로 사용하지요.

잘 소독한 후 상처 부위를 완전히 덮도록 습윤 밴드를 부착하고, 진물을 흡수해서 하얗게 부풀어 오르면 밴드를 교체합니다. 일반적으로 2~3일에 한 번 정도 교체를 해줍니다. 습윤 밴드는 상처에서 나오는 진물을 흡수하여 상처 치유를 촉진하므로 연고를 사용하지 않아야 합니다.

찰나의 순간,
알아채지 못하면 큰일 나요!

_질식·흡인 사고

흡인 사고란 이물질이 기도로 들어가는 것을 말합니다. 흔히 '사레들린다'고 표현하지요. 그런데 작은 몸집처럼 기도와 기관지가 작은 아이들은 크지 않은 물건으로도 기도가 막힐 수 있습니다. 그런 경우 질식하거나, 이물질이 기도로 들어가서 기관지를 막지 않아도 폐로 들어가게 되면 흡인성 폐렴을 일으킵니다.

저는 과거에 병동에서 우는 아이를 달래기 위해 보호자 분이 급하게 분유를 먹이다 흡인되어 흡인성 폐렴이 온 환아, 분유를 먹은 지 얼마 되지 않은 상태에서 주사를 맞자 울다가 분유가 역류되면서 기도로 들어가 응급처치를 했던 환아를 본 적이 있습니다. 이렇게 아이들에게는 정말 쉽게 흡인 사고가 일어나지요.

첫째는 밥을 잘 먹는 아이는 아니었습니다. 그래도 사정해서 먹이지는 말자 주의여서 먹기 싫다고 하면 식사를 끝내곤 했지요. 그러다 보니 얼마 안 가 간식을 찾을 때가 많았습니다. 아이는 특히 밥보다 과일을 훨씬 좋아해서 집에 과일이 있다는 걸 알면 일부러 밥을 조금만 먹기도 했습니다. 아마도 꼭 제자리에 앉아 먹어야 하는 식사와 달리, 과일이나 간식은 자유롭게 먹을 수 있어서 더욱 좋아했던 것 같습니다. 특히 할아버지 댁에 놀러 가면 식후에 할아버지께서 깎아 주신 사과 조각을 한 손에 쥐고 이리저리 돌아다니며 먹는 것을 좋아했습니다.

15개월 무렵 어느 날, 할아버지 댁에 놀러 가 밥을 먹은 뒤 남편과 아이는 사과를 먹고, 저는 식사 정리를 하고 있었습니다. 그런데 갑자기 컥컥 하는 소리가 들리더니 퍽퍽 등을 두드리는 소리가 들렸습니다.

순간 놀라서 쳐다보니 남편이 어깨 위로 아이의 허리를 걸치고 등을 두드리고 있었습니다. 그러자 아이 얼굴 쪽에서 작은 사과 두 조각이 툭 하고 떨어졌습니다. 아마도 소파 주변을 신나게 돌아다니던 아이가 사과를 입에 문 채로 상체를 숙여 바닥에 있는 쿠션을 잡아끌다가 엉덩방아를 찧으며 사레가 들린 것 같았습니다.

기도 흡인은 이렇게 일상에서 갑자기 발생하니 아이를 키우는 집은 늘 주의를 해야 합니다. 사실 저희 집 아이들은 좋아하는 음식이 있으면 급하게 먹는 습관 때문에 사레가 잘 들리는 편입니다. 그때마다 저희는 식탁 의자에서 벨트를 제거하고 급히 아이를 올려 안아 두들겨 주었고, 그러고 나면 금세 괜찮아졌습니다. 사레가 드문 일은 아니었지만, 순간적으로 일어난 기도 흡인을 남편 혼자만 알아챘었다는 사실을 생각하면 지금도 아찔합니다.

- 육아 편 -

흡인 사고 응급처치법, 반드시 알아 두세요

　무엇이든 입으로 가져가는 구강기의 아이들은 흡인 사고를 더욱 주의해야 합니다. 음식을 먹을 때뿐 아니라, 앉아서 놀거나 기어 다니다가 부모가 미처 보지 못한 작은 물건을 삼켜 위험한 상황이 생기기도 하지요.

◯ 흡인 사고를 예방하기 위한 방법

① 먹을 때는 식탁이나 정해진 장소에 앉아서 먹어요

　제가 어릴 때 돌아다니며 먹는 아이였기 때문에 '당장 식습관을 잡아 주지 않아도 언젠가는 나처럼 식탁에서 먹을 텐데, 뭐 하러 아이와 씨름을 하나.'라는 생각으로 처음에는 열심히 하던 식습관 교육을 점점 느슨하게 했습니다. 집에서는 식탁에서 먹더라도 집에 손님이 오거나 다른 집에 가면 자유롭게 먹는 것을 허용했지요. 하지만 아이가 음식을 입에 물고 돌아다니거나, 손에 들고 다니면서 먹다가 사레들리는 일이 많았고, 식탁이 아닌 곳에서 먹으면 사고가 나도 알아채기 어렵다는 것을 알게 되었습니다. 정해진 자리에 앉아서 음식을 먹게 하는 것은 오로지 식습관 때문이 아니라 안전상의 이유도 있다는 것을 체감했지요.

② 딱딱하거나 꿀꺽 삼켜지는 음식은 주의하세요

땅콩은 만 3세 이전의 아이에게 가능하면 주지 말라고 하지요. 감각이나 운동이 미숙한 아이들이 제대로 씹지 못하고 넘기면 흡인의 위험이 큰데 특히 부서진 견과류나 땅콩이 기도를 막기 쉽기 때문입니다. 견과류 외에도 질식 사고 원인으로 가끔 뉴스에도 나왔던 떡, 젤리, 입안에서 씹어도 퍽퍽한 밤이나 고구마처럼 수분기 없는 음식, 덩어리 과자나 큰 조각의 단단한 과일 등은 흡인의 위험이 있어서 조심해야 합니다. 이런 음식들은 크기를 아주 작게 부숴서 주거나 갈아서 주는 것이 좋습니다.

수분기 없는 음식은 우유나 물과 함께 섭취하도록 하고 먹을 때 보호자가 옆에 있어 주는 것이 좋습니다. 『한 그릇 뚝딱 이유식』(오상민, 박현영 지음, 청림라이프)에서는 식빵도 토스트해서 주는 것이 도움이 된다고 하더군요. 아이들에게 흔하게 주는 떡뻥이라는 간식도 뒷면에 주의 사항을 보면 보호자 동반하에 먹도록 하고 물과 함께 섭취하라고 나와 있지요.

③ 3세 미만에게는 큰 장난감을 주고, 삼키기 쉬운 물건은 치워요

3세 미만의 아이들은 무의식적으로 무엇이든 입으로 가져가는 경향이 있습니다. 저 역시 종이조각이나 작은 약병 뚜껑, 셔츠 단추를 아이의 입에서 빼낸 적이 몇 번 있었습니다.

아이들의 장난감을 보면 크기가 크거나 영아용이 아니고서는 37m+ 또는 3Y+라고 표기가 되어 있더군요. 이것은 작은 부속품이 포함되어 있어 흡인의 위험이 있으니 만 3세 이후부터 안전하게 사용이 가능하다는 표시입니다. 장난감 외에도 약병 뚜껑이나 단추, 아이들이 가지고 노는 손가락 마디만 한 공이나 구슬 등은 치워 두는 것이 좋습니다.

⬤ 흡인이 되면 나타나는 증상

흡인이 되면 기침을 하거나 쉰 소리로 울기도 하고 숨소리가 이상해지기도 합니다. 기침을 할 수 있는데 참는다면 기침을 유도하고, 이물질로 인한 기침반사가 나타난다면 등을 두드려 주는 정도의 도움을 주면 좋습니다. 기침을 통해 기도로 들어간 것이 나오면 이내 괜찮아집니다. 하지만 어떤 것은 완전히 기도를 막거나 폐로 가서 문제를 일으킵니다.

① 흡인 사고 : 질식

기도가 완전히 막혀서 기침도 나오지 않고 말도 나오지 않는 상태입니다. 산소가 들어가는 길이 아예 막히기 때문에 아이 얼굴이 파랗게 변하고 실신할 수 있습니다. 산소가 차단된 시간이 길어지면 뇌손상이 올 수 있어 바로 응급처치를 해야 합니다.

② 흡인 사고 : 폐렴

이물질이 크지 않아서 기관을 통과해서 폐로 가버리면 폐렴을 일으킵니다. 치료를 받으면 폐렴 증상이 좋아지는 듯 보여도, 이물질이 염증을 유발해, 비슷한 부위에 자꾸 폐렴이 생기거나 잘 안 낫기도 합니다. 그런 경우에는 폐에 있는 이물질을 빼내야 완전히 빨리 낫습니다.

◗◗ 질식되면 취하는 조치 : 하임리히법

우선 흡인으로 인한 질식이 확인되면 빨리 119에 연락을 해야 합니다. 하지만 119를 부르느라 질식된 아이를 방치하면 안 되기 때문에 주변 사람에게 119를 부르라고 요청하고 응급처치를 합니다. 하임리히법이라는 응급처치인데, 유튜브 '행정안전부', '안전한 TV' 채널에서 상세한 설명과 동작을 확인할 수 있습니다. 1세 미만 아동에게 하는 법과 1세 이상 아동 및 성인에게 하는 법이 다릅니다.

① **1세 미만**

- 아이의 턱을 받치고 다른 손으로 머리를 받쳐 조심스럽게 안아 올린 뒤 아이의 얼굴이 아래를 향하도록 허벅지 위에 엎드려 놓습니다. 이때 가슴보다 머리가 더 아래로 가도록 합니다. 이후 손바닥 밑부분으로 등의 날개뼈 사이 부분을 다섯 번 세게 두드립니다.

- 다시 아이의 턱과 뒤통수를 받쳐서 몸을 돌려 얼굴이 천장을 바라보게 합니다. 이때도 가슴보다 머리가 더 아래로 가도록 합니다. 양측 유두를 이은 선 중앙 아래 흉골 부위에 두 손가락을 대고 강하고 빠르게 다섯 번 압박합니다.

- 이물질이 제거되거나 119가 도착하기 전까지 위 동작을 반복합니다.

② **1세 이상**(10kg 이상)

- 뒤에서 아이를 끌어안고 명치와 배꼽 중간 위치에 주먹 쥔 손을 갖다 대고 다른 한 손으로 주먹을 감싸 쥡니다. 이때 주먹이 너무 크다면 두 손을 맞잡고 명치와 배꼽 중간 위치를 압박합니다.

- 팔을 당겨 강하게 안아 올리듯이 복부를 압박합니다.

- 6~10회 정도 시행하고 이물질이 제거되지 않았으면 반복합니다.

◖◗ 흡인 시 주의사항

기도 흡인이 되었을 때 손을 입에 넣어 이물질을 빼려고 하면 위험합니다. 오히려 손으로 입속 이물질을 기도로 밀 수 있고, 손가락이 목을 자극해 아이가 구토를 하면서 나온 음식물이 다시 기도로 흡인될 수 있기 때문입니다.

저희는 아이가 사레들리면 상체가 아래를 향하도록 어깨에 메고 등을 두드리곤 했었는데, 아이를 들어 올릴 때 오히려 기도 흡인이 될 수 있고, 아이의 얼굴이 두드리는 사람의 등을 향해 있기 때문에 이물질이 빠져나와도 모르니 좋은 방법이 아니었습니다. 기도 흡인 시에는 하임리히법처럼 아이를 보면서 응급처치를 해야 합니다. 응급처치를 하는 중에도 아이의 안전이 가장 중요하기 때문입니다.

간호사의 아이도
감기에 걸리네요

_감기

　두 아이를 키워 보니 이제 감기는 큰일이 아니지만, 첫 아이가 6개월도 안 되었을 때는 아이의 기침 한 번, 콧물 한 줄에 걱정이 앞서더군요. 심한 기침에 숨쉬기를 힘들어하고, 가래를 토할 때면 대신 아파 줄 수 없음이 정말 괴로웠습니다.

　첫째 아이가 100일이 조금 지난 무렵, 장염으로 인한 구토 증상으로 병원에 입원하였습니다. 당시 병원을 그만둔 지 얼마 되지 않았기 때문에 가깝게 지내던 동료들이 아이도 볼 겸, 인사도 할 겸 병실로 면회를 오곤 했었습니다. 간호복이나 가운을 입은 의료진이 면회를 와서 인사를 하고 가니 주변에서 제가 어떤 사람인지 궁금해 물으셨지요. 그래서 지금은 아니지만 전에 간호사로 일했다고 대답했더니 "엄마가 간호사여도 애 아픈 건 별수 없군요."라며 안타까워하셨습니다. 이에 저도 웃으며 "그러게요. 저희 애는 입원할 일 없을 줄 알았더니 별수 없네요." 하고 답했었지요. 그리고 아이는 바로 그

입원에서 예상치 못한 감기에 걸려 꽤 고생을 해야 했습니다.

입원 병실은 건조하고, 갑자기 몰려온 한파로 공기가 서늘했습니다. 다인실은 집에서처럼 온도, 습도 관리를 하기 쉽지 않았고 당시 아이는 완전 모유 수유 중이라 물도 마시지 않아 건조한 환경에 그대로 노출되었지요.

그러다 퇴원을 하루 앞둔 날 밤, 아이가 마른기침을 시작했습니다. 걱정되는 마음에 의료진에게 말씀을 드렸지만 회진 온 선생님께서는 청진상 특별히 호흡음이 나쁜 것 같지는 않다고 퇴원을 진행하자고 하셨지요. 불안한 마음이 들었지만 어차피 장염으로 입원했고 구토가 호전되었으니 퇴원을 진행했습니다.

아이는 결국 그날 오후부터 심한 기침과 콧물 증상으로 잠을 제대로 잘 수 없는 지경에 이르렀습니다. 입원 치료로 고생한 것도 안쓰러운데, 감기까지 연이어 걸리니 장기간 약을 먹어야 하는 아이가 무척 안타깝고 엄마로서 참 미안했습니다. 그래도 약을 먹으면 금방 좋아질 것이라고 생각했기 때문에 크게 걱정하진 않았습니다. 그런데 예상과 다르게 아이는 약을 먹어도 코가 막혀서 젖을 먹기 힘들어했고, 가래를 토하며 젖까지 토하기 일쑤였습니다. 먹는 양이 줄어드니 밤잠을 길게 자지 못하고, 컨디션도 점점 더 나빠졌습니다.

수유 전이나 자기 전에는 콧물 흡입기로 콧물을 빼주었는데, 싫다고 버둥대는 아이를 억지로 안고 콧물을 뺄 때마다 괴로웠습니다.

그런데 그렇게 고생을 하는데도 2주가 넘게 낫질 않았습니다. 결국 모세기관지염으로 진행되어 항생제를 바꾸고, 스테로이드가 추가된 약을 먹여야 했습니다. 그렇게 4개월 된 아이는 꼬박 3주간 약을 먹고서야 편안하게 숨을 쉬며 일상생활을 할 수 있게 되었습니다.

감기,
약 먹이기 말고도
해줄 게 많답니다

감기는 아이들에게 흔한 질병입니다. 옛날에는 감기를 '코에 불이 나는 것처럼 뜨겁다'는 뜻에서 고뿔이라고 불렀다고 하지요. 이처럼 감기는 바이러스에 의한 코나 목 같은 상부호흡기계의 감염을 말합니다. 그런데 감기를 일으키는 바이러스의 종류와 형질이 워낙에 다양하다 보니 감기를 달고 산다는 말이 있을 정도로, 감기는 낫다가도 다시 걸리고, 다른 감기 바이러스에 걸리기도 합니다.

⬤ 감기는 병원에 가면 2주, 안 가면 보름 걸린다?

감기는 약 없이도 낫는다는 말이 있지요. 감기 약을 먹고 하루 만에 깨끗하게 나으면 가장 좋겠지만, 감기 바이러스는 특성상 치료제

- 육아 편 -

가 나오기가 어렵습니다. 워낙에 감기 바이러스는 종류도 형질도 다양하기 때문이지요. 그래서 우리가 감기에 복용하는 약들은 특정 바이러스를 죽이는 약이 아니라 감기로 인해 나타나는 콧물, 기침, 목아픔 같은 증상을 완화하는 약입니다. 치료제가 아닌 약을 때마다 먹는 이유는 증상을 완화해 감기와 싸워 이길 수 있는 면역력을 만들기 위해서지요. 약을 먹어도 스스로 면역을 회복해서 감기를 이겨내야 하기 때문에 결국 감기 약을 먹으나 안 먹으나 낫는 기간은 비슷하게 느껴집니다. 하지만 혹시라도 그냥 감기가 아니라 또 다른 문제거나, 심해져서 항생제 복용이 필요할 수 있기 때문에 일반 감기 증상에도 병원 진료는 필요합니다.

감

🔵 감기 때문에 쓰는 항생제와 스테로이드, 아이에게 괜찮나요?

지인들로부터 "감기가 심해서 결국 항생제를 썼어요. 스테로이드까지 썼어요. 그거 독한 약이죠?"라는 질문을 많이 받습니다. 그런데 항생제와 스테로이드는 독한 감기 약이라기보다는 종류가 다른 약이랍니다.

① 항생제 : 세균 감염에 사용하는 약
항생제는 균을 죽이기 위한 약이라서 단순한 바이러스 감기에는 쓸 필요가 없습니다. 감기가 다른 염증 질환으로 이어졌을 경우나 의사 선생님이 보기에 환자에게 필요한 경우 처방받게 됩니다. 항생제는 위장 불편감이 있는 경우가 많아서 독한 약으로 인식되기도 합니다. 작용하는 시간이 정해져 있어 약효가 끝날 때쯤 다음 약이 들어오지 않으면 균이 더 늘어나고 힘이 세져서 내성이 생기고 더 늦게 나을 수 있습니다. 그래서 항생제는 반드시 시간을 지켜서 안내받은 날 수만큼 성실히 복용해야 합니다.

② 스테로이드 : 드라마틱한 항염 작용

스테로이드는 '부신피질호르몬제'로 우리 몸속 부신피질에서 분비되는 호르몬을 약으로 만든 것입니다. 기능이 많아 쓰임도 많은 약제입니다. 강한 소염 효과를 가지고 있어서 급성 염증에 투약하면 드라마틱한 효과를 보여 염증 완화, 염증으로 인한 부종 완화가 필요할 때에 사용됩니다. 비염으로 점막이 부어서 꽉 막힌 코에 스프레이형 스테로이드제를 뿌리고 나서 좋아진 경험이 있을 것입니다. 이렇게 스테로이드는 염증 완화의 부스터 역할을 해서 불편감을 줄이고 빠른 회복에 도움이 되지요.

이렇게 착한 약의 악명이 높은 이유는 고용량, 장기간 복용했을 때의 위험성 때문입니다. '쿠싱증후군'은 장기간 많은 스테로이드에 노출되었을 때 걸리는 병으로 얼굴과 몸이 붓고 지방이 축적되며, 성 기능 및 피부 약화, 다리뼈와 근력 약화 등 전신에 장애가 생기는 병입니다.

하지만 며칠간 치료를 위해 스테로이드를 복용하는 것은 염려하지 않아도 됩니다. 짧은 기간 소량을 사용하는 것이니까요. 하지만 가벼운 감기에도 매번 항생제나 스테로이드를 처방하는 병원이 있다면 아이의 건강을 위해 병원을 바꾸는 것을 고려할 필요가 있습니다.

콧물 흡입, 자주 해도 괜찮은 건가요?

콧물 흡입기는 콧물로 힘들어하는 아이의 호흡과 일상생활을 용이하게 하기 위해 사용합니다. 하지만 아이가 특별히 콧물로 힘들어하지 않는다면 그냥 흐르는 코를 부드러운 천으로 살짝 닦아 주기만 해도 괜찮습니다. 그렇다면 콧물 흡입기는 언제, 얼마나 자주, 어떤 방식으로 써야 하는 걸까요?

① 콧물 흡입기를 사용하는 때

코감기로 코점막이 부어서 코가 막힌 것이라면 콧물 흡입을 시도해도 콧물은 빠지지 않고 코점막만 자극을 받아 더 붓습니다. 그래서 코가 막혔을 때 무조건 사용하는 것이 아니라 콧물이 줄줄 흐를 때 써야 효과적입니다.

② 사용하는 방법

콧물이 너무 많아서 아이가 불편해하는 경우, 아이를 약간 세워 안아서 콧구멍 입구에 콧물 흡입기를 대고 점막에 달라붙지 않게 넣은 뒤 부드럽게 방향을 돌리면서 빨아들여야 합니다. 부모가 너무 긴장한 표정으로 다가서면 아이는 그 얼굴이 무서워서 더 거부하게 되어 콧물 흡입이 힘들어집니다.

콧물이 어느 정도 빨려 나오고 더 이상 나오지 않을 때는 멈춰야 합니다. 너무 세게 계속 빨아들이면 코와 연결된 귀의 압력에도 영향을 미치게 되기 때문입니다. 만약 콧물이 계속해서 줄줄 흘러서 아이가 너무 힘들어한다면 짧은 시간, 약한 강도로 자주 빼는 것이 차라리 낫습니다. 그리고 콧물 흡입기를 사용하고 나면 깨끗이 씻어서 열탕 소독을 하고 말려 주어야 합니다.

⬤ 콧물이 없는 코막힘은 어떻게 해결하나요?

코는 막혀 있고 불편해 보이는데 밖에서 볼 때 콧물이 전혀 없을 때는 콧물 흡입을 시도해 봐야 점막만 상할 수 있습니다. 이런 때에는 생리식염수를 코에 살짝 뿌려 주거나 한두 방울 떨어뜨려 주는 것이 좋습니다. 그러면 건조했던 코가 촉촉해지고 콧물이 부드러워져 잘 나오게 됩니다. 이때 물을 집어넣으면 코가 따가우니 물을 사용하진 않습니다. 체액과 등장액인 생리식염수를 사용하거나 약국에서 판매하는 코에 분무하는 스프레이를 사용하면 수월합니다. 방 안에 가습기를 충분히 틀어 주고 목욕을 할 때 물을 미리 틀어 놓아 증기가 있는 상태에서 아이를 따뜻한 물로 씻기는 것도 도움이 됩니다.

🔘 집을 습하게 하는 게 도움이 될까요?

감기 바이러스가 건조하고 차가운 환경을 좋아하는지라 건조한 것보다 습한 것이 더 낫다고 생각할 수 있지만, 습기가 많은 경우 세균 번식이 쉬워져 오히려 공기질이 나빠집니다. 아이에게 좋은 습도는 40~60%로, 하루 1~2회 충분한 환기와 청소를 하여 적정 온도와 습도를 유지하는 것이 중요합니다.

간호사를 대표하는 위인인 나이팅게일은 환경 개선과 위생 관리의 중요성을 객관적으로 드러내고 알린 간호사이자 학자입니다. 환기, 온도, 습도, 청결 같은 환경 관리가 얼마나 질병의 예방과 관리에 도움이 되는지는 크림전쟁 당시 나이팅게일이 환경 개선을 하면서 병상의 사망률을 42%에서 2%로 낮춘 것으로도 확인할 수 있습니다. 그런데 간호를 뜻하는 Nursing이 간호뿐만 아니라 수유, 보육을 뜻한다는 것을 알고 계시나요? 아픈 아이를 간호하느라 밤새 작은 등을 켜고 잠을 설치며 아이를 돌보고, 집 안 환경을 관리하는 우리들이 가정의 등불을 든 천사, 나이팅게일입니다.

어린이집에 가면
정말 자주 아픈가요?

_전염성 질환

저희 부부는 아이를 만 3세까지 가정 보육을 하기로 했습니다. 그런데 동생이 태어나면서 첫째의 스트레스가 많아지고, 어린이집에서 친구와 함께 지내는 것을 기대해 31개월 때부터 등원을 시키게 되었습니다. 그때 가장 마음이 쓰였던 것이 기관에 처음 다니게 되면 병치레가 잦아진다는 말이었습니다.

아니나 다를까 어린이집에 보낸 지 한 달쯤 되던 날, 아이가 저녁부터 기침을 하기 시작했습니다. 그러더니 금세 콧물이 흐르고 밤에는 열도 났지요. 아침까지만 해도 건강했던지라 갑작스러운 증상에 옷을 얇게 입혔나 싶어 자책하다가 기관에 다니면 자주 아플 수 있다는 말을 떠올리며 마음을 다잡았습니다. 다 같이 어울려 생활하다 보면 서로 옮고 옮길 수도 있고, 새로운 환경에 적응하느라 아플 수도 있는 거니까요. 다만 혹시 단순 감기가 아니면 어떡하나 하는 걱정과 100일도 안 된 둘째마저 아플까 봐 걱정이 되었습니다. 첫째가

100일 무렵 감기에 걸려 호되게 고생했던 일이 떠오르며 다시는 같은 일을 반복하고 싶지 않았거든요.

저희는 첫째 아이의 증상이 더 심해지지 않도록 잘 관리하고, 둘째 아이에게 옮기지 않도록 조심하자고 다짐했습니다. 그래서 다 같이 한 방에서 자던 아이들을 분리해서 재웠습니다. 생활할 때도 가급적 첫째 아이가 동생과 접촉하지 않게끔 했지요.

다음 날 병원에 가니 첫째는 특별한 전염성 질환이 아닌 단순 감기였고, 다행히 둘째도 별다른 이상이 없었습니다. 그래도 첫째는 증상이 완전히 사라질 때까지 동생 근처에 가지도 못하고 방에서 요양을 해야 했습니다.

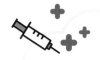

기관 생활이 시작되었다면
주의해야 할 전염성 질환

어린아이들이 기관 생활을 하는 경우 한 공간에서 통제가 어려운 아이들이 함께 생활을 하다 보니 전염성 질환이 잘 퍼지게 됩니다. 코로나19가 유행하면서 손 씻기와 마스크 착용이 일상화되어 소소한 감염이 많이 줄었다고 하지만 보육기관뿐 아니라 마트나 문화센터, 키즈카페처럼 사람이 많이 모이는 곳은 언제나 감염의 위험이 있지요.

● 접종으로 예방이 안 되는 질환, 어떻게 예방하면 좋을까요?

감기 바이러스는 주로 비말로 감염되는데 비말은 흩어지는 물방

울을 말합니다. 즉 기침하면서 공기 중에 흩뿌려진 침이나 콧물 속 바이러스가 다른 사람의 입이나 코로 들어가면서 감염이 이뤄지는 것을 말하지요. 그래서 아무리 조심해도 같이 밥을 먹거나, 주변에서 기침이나 재채기를 하면 2m 이내의 모두가 위험해집니다.

그래도 기침 예절과 마스크 착용을 잘 지키고, 얼굴을 자주 만지지 않으며, 외출 후 특히 음식 섭취 전 반드시 손을 씻는 습관을 가진다면 감염성 질환을 더 잘 예방할 수 있습니다.

◖▬◗ 어린이집 전염병 3대장

대표적인 전염성 질환에는 장염, 눈병, 수족구 같은 것들이 있지요. 감염 사실을 알게 되면 등원을 하지 않고, 완전히 나은 후 담당 의사로부터 기관 생활을 다시 시작해도 된다는 진단서가 있어야만 등원할 수 있습니다.

① 장염 : 배가 아프고 설사, 구토를 동반해요

장염은 상한 음식을 먹었거나 장염을 일으키는 바이러스가 포함된 음식을 섭취했을 때 주로 생깁니다. 설사, 구토 등의 증상이 있으며 복통과 열을 동반하기도 하지요. 바이러스 종류 및 아이의 상태에 따라 병원에서 죽을 먹일지, 금식을 해야 할지 정해 주기 때문에 처방받은 식이와 약을 따르는 것이 회복에 도움이 됩니다. 다만 심한 구토 및 설사로 탈수가 우려될 정도로 심한 장염은 입원을 권유받아 수액 치료를 며칠 받기도 합니다. 장염은 음식을 만들고 준비하는 사람의 개인 위생과 시설의 위생 관리가 무척 중요합니다. 또 장염이 걸린 아이가 바이러스가 묻은 손으로 만진 곳을 다른 아이들이 만져서 옮을 수도 있기 때문에 손을 자주 잘 씻는 것도 무척 중요합니다.

② 눈병 : 눈이 빨개지고 가렵고 따가워요

흔히 눈병이라고 부르는 '유행성각결막염'은 주로 여름철에 유행합니다. 눈이 가렵고 뻑뻑한 증상으로 시작하는 경우가 많고, 눈이 따가워 통증이 느껴지고 빨갛게 충혈됩니다. 경우에 따라 열이 나는 전신 감염 증상을 동반하기도 합니다.

직접적으로 접촉하거나 감염자가 사용한 물건을 통해서 바이러스가 전파될 수 있습니다. 손을 잘 씻고 가급적 손으로 얼굴을 만지지 않는 것이 중요합니다. 눈이 가렵거나 불편할 때는 손으로 비비지 말고 비누로 손을 씻고 세수를 하는 것이 좋습니다. 안과에서 처방받은 약을 시간에 맞춰 깨끗한 손으로 눈에 넣는 것이 중요합니다. 가족들도 수건 등을 따로 쓰고, 수시로 손을 씻는 등 일상에서의 주의와 격리가 필요합니다.

③ 수족구병 : 미열로 시작해 열이 나고, 수포가 생겨요

영유아수족구병은 Hand-Foot-Mouth disease라고 표기하는

데, 말 그대로 손과 발, 입의 질환입니다. 미열로 시작해서 고열이 동반되기도 하고 특징적으로 손, 발, 입이 가렵고 따가우며 불긋한 부분이 생기다가 수포가 생깁니다. 간혹 수포가 생기지 않거나, 입 또는 발이나 손에만 수포가 생기기도 하고 열이 동반되지 않는 경우도 있습니다. 일단 걸리면 입안의 수포 때문에 통증으로 음식 섭취가 힘듭니다. 그래서 아이를 잘 먹이는 것이 가장 중요합니다. 병원에서는 도저히 아이가 못 먹으면 어떻게든 섭취를 늘리기 위해 차가운 음료나 아이스크림을 주라고도 하지요.

주로 증상에 대한 치료를 하므로 아파서 못 먹는 아이들은 진통제를 복용하며 견디기도 합니다. 아이가 잘 먹기만 하면 7~10일 이내에 저절로 좋아지지만, 이때 병원 치료를 받으면 좀 수월하게 그 기간을 지낼 수 있지요. 수족구병은 전염력이 무척 강해서 물집이나 체액, 침 등에 바이러스가 상주해 있다가 같은 공간을 공유하는 아이에게 쉽게 전염이 됩니다. 수족구병을 예방하는 가장 좋은 방법은 수족구병 아이와 만나지 않는 것입니다. 하지만 수포가 생겨서 수족구병임을 알게 되기 전부터 이미 전염력을 가지기 때문에 미리 알아채고 예방하기가 어렵습니다. 그래서 수족구병이 유행하는 시기에는 아이들이 많은 곳을 피하고, 외출 후 손, 발, 얼굴을 비누로 깨끗이 씻는 것이 가장 좋은 예방법입니다.

잘 먹고 잘 싸는데
왜 피가 나오죠?

_혈뇨, 혈변

　둘째 아이를 임신했을 때는 첫아이에 대한 경험이 있으니 둘째는 좀 수월하겠지 하는 자신감이 있었습니다. 그런데 첫째 다르고 둘째 다르다더니, 정말 첫째 때는 경험하지 못한 일들이 둘째 때 왜 그렇게 많이 일어나던지요. 성향, 성격은 물론, 체질마저 달라서 병원을 찾게 되는 이유도 달랐습니다.

　둘째가 4개월을 넘어선 어느 날, 기저귀를 보니 점액변 사이로 실처럼 가느다란 피가 보였습니다. 핏덩어리가 아니라서 심각해 보이진 않았지만 순간 장중첩증일까, 설마 궤양성대장염이나 크론병은 아니겠지 하며 혈변 증상을 보이는 온갖 병명이 다 떠올랐죠. 다행히 병원에서는 특별히 보채거나 힘들어하지 않고 평소와 같은 변에 점액이나 피가 조금 섞여 나오는 것은 모유 먹는 아이의 알레르기성 변 양상일 수 있다고 하셨지요. 그 이후로도 몇 번의 혈변을 보았지

- 육아 편 -

만, 모두 정상이라는 말씀에 가슴을 쓸어내렸습니다. 그런데 그 일이 있고 얼마 지나지 않아 저는 또 기저귀를 보고 기겁하는 일이 생겼습니다.

둘째 아이가 5개월 무렵 갑작스러운 무더위가 찾아왔던 날이었습니다. 더위를 많이 타고 땀이 많은 둘째는 시원한 옷을 입혀 놔도 안고 있으면 금세 옷이 축축해지곤 했습니다. 뒤집기를 하느라 조금만 끙끙대며 엉덩이를 들썩거리고 나면 이불과 옷이 땀으로 흥건해질 정도였지요.

그렇게 더위가 시작되고 며칠 후 이유식도 안 하는 아이가 젖 먹는 양이 확연히 줄어든 느낌이 들었습니다. 처음엔 기분 탓인가 했지만 아무리 급성장기가 아니라 해도 체중이 천천히 늘기 마련인데 아이의 체중이 며칠 새에 300~400g이 빠져 버린 것을 보고 병원에 데려갔습니다.

"모유를 먹는 아이치고는 큰 편이고 탈수나 다른 문제는 안 보인다."라고 하셔서 안심하고 돌아왔지만 그날부터 아이의 기저귀가 계속 뽀송한 느낌이 들었습니다. 4~5시간마다 소변을 확인해도 아주 소량만 적실 뿐 기저귀가 묵직하거나 충분히 젖는 일이 없었지요.

줄어든 소변 양이 신경 쓰여 유심히 관찰한 지 3일쯤 된 날 밤, 아이의 기저귀가 반나절이 지나도 소변 표시줄의 색이 변하질 않았습니다. 아기가 이렇게까지 소변을 안 봐도 되나 하고 걱정하며 기저귀를 벗겨 보니 기저귀 안에 아주 작은 소변 흔적과 함께 붉은 자국이 묻어 있는 것을 발견했습니다. 산후조리 때마다 방광염으로 고생했던 저는 그 기저귀를 보고 무척 걱정이 되었습니다. 제가 방광염에 걸렸을 때 소변을 닦아 내면 묻어났던 혈뇨의 색과 비슷했기 때문입니다. 혹시 아이가 방광염이나 요로감염에 걸린 건 아닐까 하는 생각이 들면서 그 고통스러운 느낌을 아이가 겪고 있다고 생각하니 괴로웠습니다. 하지만 당장 병원에 갈 순 없는 시간이고 요로감염치고는 아이의 컨디션이 나쁘지 않아서 과민하게 생각하지 말고 아침까지 지켜보자고 생각했습니다.

아침이 되자마자 급한 마음에 기저귀를 챙겨서 병원으로 갔습니다. 기저귀를 본 의사 선생님은 요산뇨(요산이 섞여 나온 오줌)라며 이는 정상 발육 중에 나타날 수 있는 현상이라고 말씀하셨습니다. 비뇨기과 병동에서 몇 년을 근무했는데도, 아기가 요산뇨를 일반적으로 볼 수 있다는 사실을 이때 처음 알았습니다. 물론 이후 소변검사로 다른 문제가 없는 요산뇨임을 확인할 수 있었지요.

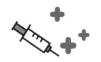

바로 병원에 가야 하는
기저귀 양상

기저귀를 볼 때 엄마 마음이 편하려면 아이의 대소변이 교과서에 나오는 것처럼, 양도, 색도, 모양도 표준적이면 좋겠지만 그건 불가능한 일입니다. 저희 아이들은 모유를 먹는 내내 무른 변만 봤기에 이유식을 하며 접한 형태가 잡혀 있는 변이 신기할 정도였습니다. 아이의 성장 지표를 기저귀에서 확인할 수 있다 보니 변 양상에 집착하게 될 때도 있지만, 아이의 발달과 성장에는 정답이 없는 것 같습니다. 그러니 바로 병원에 가야 하는 기저귀 양상을 머릿속에 기억해 두면 좋겠습니다.

혈뇨는 어떻게 알 수 있나요?

피가 소변으로 빠져나와서 기저귀에 빨갛게 묻어날 때 육안으로 확인됩니다. 하지만 빨간색이 보여도 혈뇨가 아닌 요산뇨일 수 있습니다. 요산뇨와 진짜 혈뇨를 구분할 수 있는 방법은 색깔입니다.

요산뇨는 기저귀에 빨간색, 오렌지색, 자몽색, 핑크빛 양상으로 묻어나고 시간이 지나도 색이 변하지 않습니다.

혈뇨는 피의 색이 시간이 지나면 갈색으로 변하듯이 기저귀에 묻은 빨간색이 시간이 지나면 갈색으로 변합니다. 선홍색이거나 처음부터 콜라색을 띨 수도 있습니다. 요로감염이나 방광염의 경우 선홍색 피가 섞인 소변이 나오고, 더 안쪽 기관인 사구체의 문제로 피가 날 때는 콜라색 소변이 나오게 됩니다. 소변에 피가 보인다면 바로 병원으로 가서 검사와 치료를 받아야 합니다.

검사는 어떻게 하나요?

소변을 가리지 못하는 아이의 경우 유린콜렉터를 사용합니다. 유린콜렉터는 투명한 소변 채집 비닐로, 비닐 구멍 주변으로 접착 면이 있어서 외음부에 부착해서 소변을 받아 내는 검체 도구입니다. 남자아이들은 성기가 나와 있어 상대적으로 채집이 수월한 데 반해 여자아이들은 요도가 성기 안쪽에 있어서 새지 않게 붙이기가 쉽지 않습니다. 더욱이 항문과 요도가 가까워 검체가 쉽게 오염되기도 합니다. 요도와 주변을 소독솜으로 닦아 내거나 깨끗이 씻은 후 유린 콜렉터를 잘 부착하면 소변이 새지 않고 받아집니다. 기계를 구비한 소아과에서는 바로 결과 확인이 가능하지만, 그렇지 못한 곳에서는 주말이나 공휴일을 제외하고 하루가 걸립니다.

소변검사 결과에서 피, 세균, 단백질 등이 보인다면 신장, 방광 등의 기능에 문제가 있거나 염증이 있을 수도 있어 추가 검사를 해서 치료를 받게 됩니다.

소변에 케톤이 보인다면 체내 영양분이 너무 없어서 지방을 대사해서 에너지를 내야 할 때 나오는 결과입니다. 구토나 설사가 심해 탈수가 있을 때나 영양 섭취를 못했을 때 주로 나타납니다. 그리고 요산뇨는 급성장을 하는 아이들에게서 보입니다. 체내 신진대사가 빨라지고 성장을 위해 체내에서 빠르게 세포분열을 하면서 요산이 생성되었거나 단백질이 과량 섭취되었을 때, 탈수가 있을 때 나타날 수 있습니다.

탈수가 심하다면 수액 치료도 받을 수 있지만 케톤뇨는 충분한 수분과 영양 섭취로, 급성장으로 인한 요산뇨는 수분 섭취만으로도 많이 호전됩니다.

🔵 진료가 필요한 대변 양상

색이 예쁜 황금 변만 정상 변은 아닙니다. 전유나 담즙이 영향을 미치는 녹색 변, 약간의 장염이 있을 때 보이는 점액변 등도 정상범위의 변 양상입니다.

정상 변의 양상은 너무나 다양해서 오히려 '급히 병원으로 데려가야 하는 비정상적인 변의 양상'들을 기억하는 것이 낫습니다.

아이가 고통스러워하고 다리를 접었다 폈다 하며 자지러지게 울면서 혈변을 본다면 장중첩증일 수 있으니 바로 응급실로 가야 합니다. 유지방이 제대로 흡수가 안 되거나 이유식으로 두부를 많이 먹은 경우 흰 덩어리가 끼는 변을 보기도 하지만, 변 전체가 흰색이면 담도 관련 질환일 수도 있으니 바로 병원으로 데려가야 합니다. 그리고 자장면이나 블루베리처럼 검은색 음식을 먹고 일시적으로 검은 변을 보는 것 말고, 아이가 식사와 관련 없이 검은색 변을 본다면 장출혈이나 체내 철분 흡수에 장애가 있을 수 있어 바로 병원으로 데려가야 합니다.

🔵 혈변을 보이는 질환

모유에 의한 알레르기성 장염으로 혈변을 보이기도 합니다. 모유를 먹을 경우 아직 장이 성숙하지 않은 탓에 엄마가 섭취한 음식에 알레르기가 있으면 장이 자극되어 피가 섞여 나올 수 있는 것이지요.

아이들마다 각각 다양한 알레르기원에 과민반응을 보이기 때문에 특정 음식을 먹었을 때 아이의 변 양상이 다르다면 면밀히 살펴보는 것이 좋습니다.

혈변이 있을 때 아이들에게서 가장 걱정되는 것은 장중첩증입니다. 말 그대로 장이 장 안으로 접혀 들어가서 중첩되는 것을 말합니다. 모르고 방치할 경우 생명이 위험할 수 있기 때문에 변에 피가 나오면 가장 먼저 의심하고 걱정하는 질환이지요. 장중첩증이 있으면 아이는 아파서 보채며 울다가 나중에는 처지는 양상을 보이고 점액성 혈변을 봅니다. 특징적인 증상과 X-ray 또는 복부 초음파로 확인할 수 있는 질환입니다.

제가 잠깐 걱정했던 궤양성대장염이나 크론병은 난치성질환으로 등록된 소화성궤양질환입니다. 어린이에게서는 흔하진 않지만 혈변과 복통, 점액변이 특징적이다 보니 염려가 되었지요. 궤양성대장염은 대장에 궤양이 있는 것이고 크론병은 입부터 항문까지 소화기관 전반에 궤양이 있는 것인데, 궤양이 있다 보니 통증이 심하고 설사, 구토, 복통, 점액변, 혈변, 체중감소 등이 특징적으로 나타납니다.

아기 이마에
저게 뭐예요?

_혈관종

첫아이가 태어나고 가장 많이 들었던 말은 "아이가 너무 하얗고 예쁘네요!"였습니다. 햇볕을 받으면 반짝이는 느낌이 들 정도로 하얘서 밖에 나갈 때마다 "진주알 같다." "정말 하얗다." 하며 놀라는 말을 자주 들었습니다. 그런데 둘째 아이는 데리고 나가는 많은 곳에서 걱정 어린 시선을 받아야 했습니다. 똑같이 희고 반짝이는, 정말 사랑스러운 아이인데 말이죠.

둘째가 태어나고 일주일쯤 되었을 때 수유를 하려고 보니 이마에 붉은 자국이 생겨 있었습니다. 그날은 어쩌다 긁혔나 보다 생각하면서 대수롭지 않게 여겼지요. 그땐 자가격리 중이라 수유할 때만 아이를 만날 수 있었는데, 그날 이후로도 긁힌 흔적이 사라지지 않고 남아 있어 이상하다고 생각했습니다. 아이 이마에 붉은 흔적은 점점 짙어지고 커지며 부어올랐지만 격리 중이니 그저 지켜볼 수밖에 없었습니다. 자가격리가 끝나고 예방접종을 위해 첫 검진을 받으러 간

- 육아 편 -

김에 처음으로 의사 선생님에게 물었더니 이렇게 말씀하셨습니다.

"혈관종이네요."

제가 일하면서 자주 접한 '간혈관종'은 경과 관찰만 하면 되는 위험하지 않은 것이었습니다. 익숙한 병명에 안심하면서도 이마 한가운데에 빨간 풍선 모양의 혈관종이 있으니 딸아이가 나중에 미용상의 문제로 스트레스를 받을까 걱정이 되었습니다. 제 걱정을 너무나 당연히 잘 안다는 듯이 의사 선생님은 "저절로 사라져요. 어릴 때 사진에는 남겠지만 크게 걱정할 필요는 없어요."라고 말해 주었습니다.

저는 열 살 전에 저절로 사라지고 아이가 아프거나 불편해하는 것도 아니니 사진에 흔적 남는 정도는 추억이겠다며 마음을 놓았습니다. 그런데 아이를 밖에 데리고 나가면 모르는 사람들이 아이를 많이 걱정하는 통에 무덤덤했던 마음이 심난해졌습니다.

"아기 이마에 저게 뭐예요?" "아이고, 아기가 다쳤구나! 쯧쯧, 어쩌다 다쳤어?" "우리 애도 혈관종 있었는데, 그거 레이저 치료 해야 해요." 등, 걱정되어 하는 말이겠지만 무게가 없는 가벼운 걱정들이 쌓일수록 저는 마음이 불편해졌습니다. 가까운 지인의 태교를 잘못해서 생긴 것 아니냐는 말에 아무 대답 못 하고 상처를 받기도 했지요.

하지만 당시 코로나19가 한창 유행하는 중이라 당장 대학병원에서 진료를 받는 것이 망설여졌습니다. 그러다 첫째 아이 어린이집에서 친해진 한 엄마가 제 둘째 아이를 보고서는 자신의 큰 아이도 혈관종이 있어 레이저 치료를 받았다고 말했습니다. 안 그래도 고민이 많던 차에 이야기가 나와서 레이저 치료가 꼭 필요한 것인지 물었지요.

"우리 애는 이마에 훨씬 크게 있었어요. 남자아이라서 뛰거나 놀다가 혈관종 부분을 다치면 다른 아이들보다 더 위험할 수 있다고 치료를 권해서 한 건데, 이사 오느라 치료를 다 못 끝냈어요. 근데 저절로 사라지더라고요."

그 엄마는 의사가 권하지 않았으면 안 해도 되는 것 같다고 저를 안심시켜 주었습니다. 그리고 둘째에게 "너는 이마에 예쁜 보석을 달고 나온 특별한 아이란다."라고 말해 주었지요.

주변 사람들의 질문과 관심에 스트레스를 받고 있던 저는 그 엄마의 말에 깊은 위로를 받았습니다. 하지만 문득문득 혹시라도 내 탓이 아닐까 하는 염려가 들었습니다. 그래서 영유아 검진을 받으며 내내 마음의 짐이었던 질문을 했습니다.

"혈관종이 왜 생기는 건가요? 혹시 태교나 임신 중에 제가 뭘 잘못해서 생긴 걸까요?"

제 질문에 의사 선생님은 절대 아니라며 걱정 말라고 했습니다.

"특별한 원인은 없어요. 원인불명. 엄마가 태교를 잘못했거나 뭘 잘못 먹거나 해서가 아니에요. 그냥 점처럼 생기는 거예요. 절대로 엄마 잘못 아니고, 나중에는 깨끗이 사라져서 흔적도 없을 거예요."

단호하고 명쾌하게, 하지만 따뜻하게 건네는 대답에 저는 고맙다는 인사를 꾸벅꾸벅 두 번이나 하고 진료실을 나왔지요.

186

혈관종,
너무 걱정하지 마세요

혈관종을 인터넷 의학백과에서 검색해 보면 혈관을 따라 늘어선 피부 내의 종양이라고 나옵니다. 종양이라는 단어 때문에 두려움을 느끼는 분도 있는데요. 병원에서 근무할 때도 간혈관종 진단을 받으신 분들 중에 두려워하시는 경우가 있었습니다. 그런 분들에게 저는 혈관이 뭉친 덩어리라고 생각하면 된다고 말씀드렸습니다. 크게 두려워할 질환은 아니라고 말이지요.

🔵 혈관종이 뭔가요?

혈관종은 비정상적으로 혈관이 뭉쳐 생기는 혈관 덩어리입니다. 피부 바깥쪽에 빨갛고 도톰하게 보이는 혈관종은 '딸기혈관종'이라고도 부릅니다. 피부 아래쪽에 생기는 혈관종은 피부가 불룩해 보이고 그 부분이 푸르스름하게 나타나는 양상을 띱니다. 유아에게서 흔히 볼 수 있는 양성종양 중 하나입니다. 남아보다 여아에게서 더 흔하게 나타납니다. 주로 머리, 목에 잘 발생하고, 장기에도 생길 수 있습니다. 특별한 원인 없이 발생하기 때문에 예방법도 특정 지을 수 없습니다.

⬤ 치료를 안 하고 방치해도 되나요?

일반적인 유아 혈관종은 만 1세 이전에 이미 옅어지기 시작합니다. 설령 남아 있다고 해도 10세 이전에는 대부분 사라진다고 합니다. 하지만 진단 시 치료를 권유받거나, 위치나 크기 문제로 상급병원 진료를 권유받거나, 명확한 진단이 내려지지 않는 경우에는 반드시 혈관종에 대한 검사와 진단, 그리고 치료 방향을 확인해야 합니다. 혈관종의 크기와 위치, 상황에 따라 신속한 치료가 필요한 경우가 있고, 합병증 우려가 있을 수 있기 때문입니다. 일반적 유아 혈관종이 아닌, 선천적이고 영구적인 혈관기형이 점점 더 커지는 경우라면 치료가 필요합니다.

엄마라는 자리, 부모라는 자리는 갖은 노력과 헌신을 하면서도 참 다양한 자책을 하게 되는 것 같습니다. 하지만 죄책감을 내려놓고 혈관종이 언젠가 사라질 제 아이의 일부라고 생각하니, 이마 한가운데 있는 혈관종이 귀여워 보이더군요. 빨간 점을 이마에 붙이고 활짝 웃는 아이가 너무 사랑스러워서, 이마를 드러내고 놀고 있는 사진을 더 많이 찍어 주었습니다.

"어릴 적에 네 이마에 이런 게 있었단다. 그게 엄마 때문에 생긴 줄 알고 처음엔 너한테 얼마나 미안했는지 몰라. 그런데 뭐가 잘못돼서 생긴 게 아니래. 그냥 네가 특별히 사랑스러운 아이라는 표시였나 봐. 혈관종이 빨갛게 이마 한가운데에 있는데도 이렇게나 예쁘고 사랑스러운 아기는 엄마가 지금껏 본 적이 없어! 네가 얼마나 예쁜지 좀 봐봐." 하며 이야기할 것을 기대하면서 말이죠.

뭘 먹었다고
두드러기가 났지?

_이유식과 알레르기

저는 첫아이를 임신해서부터 출산 후 6개월까지를 제 인생에서 가장 평안했던 시간이라고 말합니다. 왜냐하면 그 시기에는 모든 일을 뒷전으로 하고 오로지 아이를 돌보는 데만 집중했기 때문입니다. 하지만 아이가 6개월이 되어 이유식을 시작할 때부터는 상황이 달라졌습니다. 저와 남편이 먹는 음식은 사 먹어도 아이에게는 좋은 식재료로 안전하게 음식을 만들어 먹이고 싶었기 때문이지요. 곰손인 제가 이유식을 만들어 먹이려니 많은 공부와 준비가 필요했습니다. 그렇게 열정을 불태우던 저를 좌절하게 하는 사건이 발생했습니다. 바로 이유식 두드러기가 생긴 일이었지요.

아이들이 갖고 태어난 철분이 6개월이면 모두 소진되고 모유를 먹는 아이들은 모유에 철분이 함유되어 있지 않기 때문에 반드시 6개월부터는 소고기를 먹여야 한다고 알고 있었습니다. 그래서 막연히 180일경 이유식을 시작해야겠다고 생각했지요. 평소 요리를 즐겨

하는 편이 아니었기에 서점에 다니면서 이유식 책으로 먼저 공부를 시작했습니다. 소고기 이유식을 시작하기 전에 쌀미음을 먼저 해야 한다고 하기에 쌀, 찹쌀, 소고기 순서로 이유식을 계획했습니다.

첫 이유식을 만들어 먹이던 날 시중에 판매하는 유기농 쌀가루를 끓여서 조금씩 아이에게 먹여 보았습니다. 아이가 잘 먹기도 했고 쌀가루를 활용해 이유식을 만드는 건 수월해서 앞으로 그리 힘들진 않겠다고 생각했지요. 그렇게 3일간의 쌀미음 적응기가 끝나고 계획대로 찹쌀미음을 끓여 먹인 첫날, 아이의 배꼽 주변으로 두드러기 같은 불긋불긋한 둥근 반점이 나타났습니다. 찹쌀도 쌀인데 설마 과민반응이 있을까 싶었습니다. 게다가 먹인 후 몇 시간 지나 발견하기도 한 데다 아이가 특별히 불편해하지 않아 하루 정도 경과를 보기로 했습니다.

다음 날 다시 배를 보니 발진이 희미할 정도로 옅어져 있었습니다. 그래서 오전에 다시 찹쌀미음을 먹였더니 오후가 되자 온몸에 발진이 퍼졌습니다. 놀란 마음에 소아과에 갔더니 찹쌀미음 알레르기가 맞으며 정도가 심해서 이유식을 잠시 중단하라고 하셨습니다. 피부가 완전히 좋아지면 그때 다시 이유식을 시작하는 게 좋겠다고 하셨지요. 대부분은 약 없이 가라앉지만 드물게 악화되기도 한다며 증상이 심해지면 사용할 알레르기 완화 물약과 피부 도포연고를 처방해 주셨습니다.

이유식 알레르기를 확인받고 나니 첫날 두드러기가 올라왔을 때

병원에 가지 않고 다시 한 번 찹쌀미음을 먹인 제가 한심하고 아이에게 미안했습니다. 그리고 아이가 앞으로는 찹쌀이 들어간 모든 음식을 못 먹게 되는 건지 걱정이 되더군요. 다행인 것은 더 심해지지는 않아서 먹는 약이나 연고 없이 저절로 사그라들었다는 것이었지요. 그렇게 3일 후 소아과에 들러 다시 이유식을 시작해도 된다는 확인을 받으며 아이가 앞으로 찹쌀을 먹으면 안 되는 건지 물었습니다.

"찹쌀은 이유식에 좀 적응하고 나서, 좀 늦게 시작해야 하는 재료예요. 쌀이라고 해서 먼저 했다가 알레르기가 생기는 아이들이 종종 있습니다. 나중에 한 9개월 지나서 다시 한 번 찹쌀로 만들어 줘보세요. 그리고 그때는 찹쌀 가루가 아닌 그냥 찹쌀을 오래 불린 뒤 물을 많이 넣어서 다른 것보다 오래 푹 끓여서 주세요. 아마 괜찮을 겁니다."

그때부터 저의 이유식 전쟁이 시작되었습니다. 의사 선생님께서는 찹쌀만 이야기하셨지만 저는 앞으로 이유식에는 진짜 쌀을 불려 갈아야겠다고 다짐을 하게 된 것이지요. 아이를 재운 후 새벽마다 불린 쌀을 절구로 갈고, 이유식 재료도 모두 칼로 다진 후 한 번 더 절구에 갈았습니다. 그러다 보니 극심한 손목 통증과 체력 저하에 시달렸습니다. 그래도 다행히 아이는 더 이상 과민반응을 보이지 않았고, 초기 이유식이 끝나갈 무렵 다시 도전한 찹쌀에 알레르기 증상을 보이지 않았습니다. 그리고 지금은 찹쌀도 잡곡도 콩밥도 다 잘 먹는 어린이가 되었답니다.

이유식 알레르기, 주의 사항을 알면 침착하게 대처할 수 있어요

이유식을 앞둔 엄마들은 공부를 많이 합니다. 인터넷만 봐도 얼마나 많은 엄마가 이유식에 대해 공부하고 정보를 나누고 있는지를 알 수 있지요. 하지만 주로 이유식을 만드는 법과 먹는 양에 포커스가 맞춰져 있기 때문에 어떤 음식에 알레르기가 잘 생기는지, 알레르기 증상이 어떤 건지, 알레르기가 일어나면 어떻게 해야 하는지는 잘 모를 수 있습니다. 그러다 보니 알레르기가 나타나면 당황하게 됩니다.

◼️ 일반적인 알레르기와는 다른가요?

알레르기는 외부 물질이 몸 안으로 들어왔을 때 몸의 면역반응이

過민하게 일어나는 것을 말합니다. 이유식 알레르기는 이유식을 통해 섭취한 음식에 대한 과민반응을 뜻합니다.

대표적인 알레르기 유발 음식은 달걀, 유제품, 밀가루, 메밀, 견과류, 갑각류 등으로, 이런 재료들은 먹여야 하는 시기와 주의 사항에 대해 많은 이유식 책에서 자세히 안내하고 있습니다. 하지만 특별한 증상이 없는데, 일부러 이유식을 늦게 하거나 해당 음식 재료를 미리 피할 필요는 없습니다.

◑ 이유식 알레르기를 예방할 수 있나요?

특별히 예방할 수 있는 방법은 없지만 주의할 수는 있습니다.

① 가족 중 알레르기 질환을 가진 사람이 있다면 더욱 신경 써주세요
체질은 유전적으로 비슷한 경우가 많습니다. 이와 마찬가지로 가족이 알레르기 질환을 갖고 있다면 아이는 알레르기를 나타낼 수 있는 고위험군에 속하게 됩니다. 꼭 음식이 아니더라도 부모님이나 형제자매 중에 알레르기를 갖고 있다면 아이가 알레르기를 보일 수 있다는 것을 염두에 두고 이유식을 하는 것이 좋습니다.

② 처음 사용하는 식재료를 먹일 때는 오전 중에 먹여 주세요
이것은 예방접종을 오전에 하는 것과 같은 이유입니다. 새로운

이유식과 알레르기

194

- 육아 편 -

음식을 섭취하고 나서 부작용이 천천히 발견된다고 해도 그날 바로 병원으로 갈 수 있게 하기 위해서지요. 그리고 만약 이유식 알레르기 반응이 심각하거나 급작스럽게 진행되는 경우, 먹고 잠이 드는 저녁에는 위험한 상황을 모르고 방치하게 될 수 있기 때문입니다.

③ 한 가지 재료를 3~5일간 먹여 주세요

이유식 알레르기는 바로 나타나기도 하지만 천천히 나타나거나 며칠 뒤에 드러나기도 합니다. 그래서 하루 이틀 먹인 뒤 다른 재료로 바꿔 버리면 반응이 늦게 나타나는 아이의 경우에는 이 반응이 이전 식재료 때문인지, 지금 식재료 때문인지 분별할 수 없게 되지요. 새로운 식재료를 시작하면 적어도 3일에서 길게는 5일까지 그 식재료가 아이에게 안전한지를 확인하는 것이 중요합니다. 특히 가족력이 있는 아이라면 최소 3일 이상 먹여서 알레르기 여부를 확인하는 것이 좋습니다.

⬤ 이유식 알레르기의 증상에는 어떤 것들이 있나요?

이유식 알레르기도 일반적인 알레르기의 증상과 같습니다. 피부 반응으로 두드러기, 발진이 올라오는 경우가 있고, 위장관계 반응으로 구토, 설사, 혈변이 나타나기도 합니다. 호흡기계 반응으로 기침, 호흡곤란 등이 나타나기도 하고 심한 경우는 혈관부종, 아나필락시스 반응을 보이기도 하지요. 아나필락시스는 아주 짧은 시간 내에 두드러기나 혈관부종이 나타나고, 호흡곤란, 구토, 저혈압으로 인한 실신 등의 증상이 나타나는 위험한 반응입니다.

🔵 이유식 알레르기가 나타나면 어떻게 하나요?

이유식을 중단해서 저절로 증상이 호전되면 가장 좋겠지만 심한 부작용이 나타날 수도 있기 때문에 이상 증상이 확인되면 바로 병원을 내원해 조치를 받아야 합니다.

🔵 알레르기를 보인 음식은 다시는 못 먹나요?

어린아이들이 음식에 보이는 알레르기는 자라면서 괜찮아지기도 해서 흔하게 쓰이거나 알레르기가 잘 없는 식재료라면 2~3개월 후에는 무리 없이 먹을 수 있게 되는 경우도 있다고 합니다. 하지만 알레르기를 보였던 음식을 임의로 재차 먹이는 것은 위험할 수 있으니 전문의와 상의하여 시도해야 합니다.

충치와
치카 전쟁

_유치 관리

저는 초등학생일 때부터 치과를 자주 다녔습니다. 유치 때 한 번, 영구치 때 한 번, 사고로 앞니의 신경이 죽어서 치료받기도 했고, 어금니 충치 치료를 받기도 했기 때문입니다. 아픈 치과 치료를 두려워하지 않는 척, 잘 견디는 것은 저의 작은 자부심이었지요. 하지만 엄마가 되고 보니 아이에게 저처럼 아픔을 잘 견디는 자부심 같은 건 갖게 하고 싶지 않았습니다. 그래서 저는 꽤 일찍부터 치아 관리를 시작했습니다. 하지만 저의 방심 때문에 아이가 기억하지도 못할 만큼 어린 나이부터 치과를 다니게 되었고, 그것은 의도치 않은 양치 전쟁으로 이어졌습니다.

첫째 아이는 6개월경에 첫 아래 앞니를 시작으로 꽤 빨리 많은 치아가 올라왔습니다. 충치가 두려웠던 저는 이가 나기 전부터 손수건을 물에 적셔서 입안을 닦아 주기도 했고, 이가 나고부터는 실리콘 손가락 칫솔을 사서 치약 없이 닦아 주기도 했습니다. 9개월경부터는 밤중 수유도 끊고 나름 유치 관리를 계속해 나갔지요.

그러다 아이가 돌이 지나고 얼마 되지 않아 심한 감기에 걸렸습니다. 오래 앓느라 힘들어하는 아이를 보니 그저 지나가는 감기라는 것을 알고 있음에도 안쓰러웠습니다. 그래서 아이가 기침을 하다가 잠이 깨서 울면 젖을 물려 다시 재워 주었습니다. 문제는 그때 밤중 수유를 다시 시작했다는 것이지요.

그리고 그때쯤부터 유아식을 하면서 칫솔이 실리콘 칫솔에서 일반 형태의 칫솔로 바뀐 것이 싫었는지 아이는 강력하게 양치질을 거부했습니다. 그러다 보니 자기 전에 한 번 양치를 하는 수준으로 습관이 바뀌고 말았습니다. 이 모든 것이 원인이 되어 18개월에 가깝던 어느 날, 활짝 웃는 아이의 치아 중 위 앞니 네 개의 잇몸 경계 부분이 약간 갈색으로 변색되어 있는 것을 발견했습니다. 정말 말 그대로 눈을 씻고 다시 보게 되더군요. 저는 몇 번이나 아이의 입술을 들어 빛을 비춰서 확인하고, 다시 보고, 웃어 보라고 사정하며 도저히 믿어지지 않는 현실을 재차 확인했습니다.

이 어린아이에게, 그것도 앞니에 충치가 네 개라니. 너무 속이 상했지만, 얼른 치료를 받아야겠다는 생각에 어린이 치과를 예약해 검사를 받았습니다.

단번에 아직 수유 중인지를 물은 선생님은 앞니 충치는 주로 젖을 오래 먹는 아이들에게서 나타나니, 밤중 수유는 꼭 끊고 양치질을 싫어하면 식사 후 물이라도 꼭 먹이고, 자기 전에는 반드시 양치질을 해줘야 한다고 당부하셨습니다. 그리고 6개월 뒤 불소 치료를 하면 되겠다고 하셨지요.

아이를 위로하려고 시작했던 밤중 수유가 몇 년을 가지고 있어야 할 유치의 충치 원인이라니, 저의 안일함이 불러온 결과 같아서 너무나 미안하고 속상했습니다. 하지만 후회만 하고 있을 수는 없기에 당장 그날부터 밤중 수유를 끊고 양치질을 열심히 하기로 했습니다.

치과에서는 어른들이 양치할 때처럼 바깥쪽, 안쪽을 빗자루로 쓸듯이 양치하라고 했지만 조그만 잇몸과 이를 가진 아이에게는 쉽지 않았습니다. 그래도 어떻게든 정석대로 양치질을 하려고 하다 보니 아이는 "치카하자."라는 말만 들어도 울며 도망가 버렸습니다. 어르고 달랬다가 혼도 내보고, 어떤 날은 꽉 껴안아 못 움직이게 한 뒤 소리 지르며 고개를 피하는 아이의 얼굴을 붙잡고 양치를 시키기도 했습니다. 서로에게 너무나 끔찍하고 괴로운 시간이었습니다. 저는 충치가 두렵고 아이는 양치가 무서워, 저는 저대로, 아이는 아이대로 스트레스가 극에 달했지요. 결국 저는 두 돌 전에 영상 미디어를 보여 주지 않겠다는 다짐을 철회하고 양치를 할 때마다 영상을 보여 주고, 양치 후에는 자일리톨 사탕을 먹이기도 했습니다. 양치를 기분 좋은 일로 바꿔 주기 위해서였지요.

이후로는 어느 정도 양치질에 협조를 해주어서인지 다행히도 충치가 심해지지 않아 치료 협조가 잘 되는 세 돌까지 불소 치료 없이 경과를 더 지켜볼 수 있었습니다.

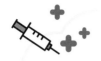

어렵지만 단순한
유치 관리법

유치는 어릴 때 나는 치아를 말합니다. 6~7개월경 아래 앞니가 올라오기 시작해서 개월이 늘어날수록 조그마한 치아들이 입안에 쏙쏙 자리를 잡아가는 모습은 보면 볼수록 귀엽고 신기합니다. 유치는 성인의 치아보다 더 쉽게 충치가 생길 수 있어서 치아 관리가 중요합니다.

해외 연구에 의하면 충치도 유전적 영향이 어느 정도 있다고 합니다. 유전적으로 치아의 형태나 법랑질(치아의 가장 바깥층)이 유난히 충치에 취약한 경우가 그렇다고 합니다. 하지만 아무리 튼튼한 치아를 타고나도 식습관과 생활 습관에 의해 충치가 생길 수 있습니다. 또 타고난 치아 성질이 충치에 약하다 해도 꾸준한 치과 치료와 치아 관리로 극복할 수도 있습니다.

💊 6~7개월이 지나도 치아가 안 나면 이상한 건가요?

아이의 젖니는 빠르면 4개월 보통은 6개월에 납니다. 하지만 10~11개월이 넘어가도록 전혀 이가 날 기미가 안 보이는 아이들도 있지요. 기질적으로 문제가 있지 않고서는 이가 늦게 나는 아이들도 돌쯤에는 첫 이가 나기 때문에 대부분은 돌까지 기다려 보라고 합니다. 하지만 간혹 결손치(정상 개수보다 치아가 적은 경우)라고 해서 몇몇 치아가 나지 않는 경우도 있기 때문에 이가 날 때가 한참 지났는데도 치아가 올라오지 않으면 치과 진료를 받아 보는 것이 좋습니다. X-ray를 찍어서 치아가 아래에서 올라오고 있는지를 확인할 수 있습니다.

💊 유치 관리는 어떻게 해야 할까요?

유치는 성인의 것보다 더 연한 재질의 치아입니다. 크기가 훨씬 더 작을 뿐 아니라 상하기도 쉽지요. 그래서 일찍부터 바른 치아 관리를 해주는 것이 중요합니다.

이가 나기 전부터 수유 후에는 소독된 손수건이나 거즈에 식용수를 적셔서 입안을 닦아 주면 구강 관리도 되고 잇몸 마사지도 된다고 합니다. 그리고 치아가 나오면서부터는 치약을 묻혀 양치를 해주고, 양치질을 못 할 때는 물을 자주 먹이는 것이 도움이 됩니다. 당분이 많은 음식이 입안에 오래 머물면 치아에 안 좋은 영향을 미치기 때문에 간식은 자주 먹는 것보다 일정한 양의 간식을 한 번에 먹이는 게 더 좋습니다.

양치를 하고 아무것도 먹지 않거나 물만 마신 경우에는 입안의 침이 구강 내 청결을 유지시켜 주고, 항균 작용을 해서 초기 충치를 약간 회복시키는 역할까지 한다고 해요. 그래서 자기 전 양치질이 무척 중요하다고 합니다.

무불소, 저불소 치약을 쓰는 연령의 기준

불소는 치아를 튼튼하게 해주고, 초기 충치를 회복시키기도 하기 때문에 치아 관리에서 중요한 역할을 합니다. 불소를 과량 섭취하면 위장장애가 생길 수 있고, 장기간 섭취하면 치아 변색이나 발육 부진이 발생할 위험이 있어 과거에는 잘 뱉어 낼 수 있을 때 불소 함유 치약을 썼었는데요. 지금은 어린 연령에서도 불소 치약을 권한다고 해요.

이가 난 곳에 1000ppm 불소 함유된 치약을 묻혀 하루 2회 양치를 해줍니다. 이때 치약 용량을 만 3세 이전에는 쌀알 크기만큼, 만 3세 이후에는 완두콩 크기만큼 조절하면 부작용 걱정 없이 안전하게 사용할 수 있습니다. 이 정도 용량은 아이가 매일 먹어도 무해하지만, 그래도 찜찜하다면 양치한 후 물 묻힌 거즈로 남아 있는 치약을 닦아 주세요.

🔵 유치의 충치, 치료를 해야 할까요?

기본적으로 전문의가 진료 후 치료를 권하면 당연히 치료를 받아야 합니다. 일반적으로 심한 충치나 다른 치아에까지 영향을 미칠 수 있는 경우에 치료를 권한다고 합니다.

저희 경우처럼 충치를 좀 더 두고 보는 경우도 있습니다. 올바른 양치질과 관리로 충치가 진행되지 않고 원래의 치아 기능을 하면서 통증이나 불편감이 없는 상태라면 치료 없이 경과를 지켜보기도 한다고 합니다. 또 불소 치료가 필요하지만 아이의 연령이 어리거나 협조도가 낮을 때에도 치료가 가능한 시점까지 지켜보자고 하기도 합니다.

🔵 불소 도포, 유치인데도 꼭 해야 하나요?

불소 도포는 불소 치약을 쓰는 것보다 훨씬 효과적입니다. 불소를 치아에 직접 발라서 흡수시키면 충치가 심해지는 것을 막고 치아 관리를 편하게 해주지요.

불소 도포는 불소 겔과 불소 바니시를 이용하는 방법이 있습니다. 불소 겔 요법은 어린이가 받을 때 거부감이 있고 협조가 어려워서 아이들은 주로 불소 바니시 도포를 한다고 합니다.

불소 겔 도포는 치아 모양의 틀에 겔을 짜서 입에 물고 있다 뱉는 형식으로, 도포 중에 불소를 삼킬 수 있어서 만 3세 이전에는 추천하지 않습니다. 불소 도포 후 30분 동안은 침도 삼키면 안 되고 불소 겔과 침을 계속해서 뱉어 내야 한다는 단점이 있습니다. 이후 1시간 동안 물이나 음식 섭취가 금지되고 하루 정도 양치나 가글을 하지 않아야 합니다.

불소 바니시 도포는 바람을 불어서 치아를 건조시킨 후 매니큐어처럼 솔에 불소를 묻혀 치아에 바르고 말려 줍니다. 바르면 금방 마르니 이후에는 침을 삼켜도 되고 물도 마셔도 됩니다. 하지만 저희가 치료받은 병원에서는 불소를 도포하고 바람으로도 말린 후 물로 입을 헹구고 혹시 모를 불소 섭취를 예방하기 위해 30분간 침을 삼키지 않고 뱉어 내게 했습니다. 이후 4시간 동안 금식하고 그날 하루, 양치나 가글을 하지 말라고 했습니다.

꽤 불편한 점도 있지만 영구치가 다 나는 16세경까지는 3~6개월 간격으로 불소 도포를 정기적으로 하는 것이 치아 관리에 도움이 많이 된다고 합니다.

🔘 자일리톨 사탕, 효과 있나요?

아이의 충치 예방과 치아 관리를 위해 한창 공부하며 열을 올릴 때 알게 된 것이 자일리톨 사탕입니다. 그때 분명 강남의 유명 어린이 치과의 추천을 받았다는 글을 보았었습니다. 그래서 유명 브랜드의 자일리톨 사탕을 유아용으로 구입해서 양치 후에 먹였지요. 그 덕분인지는 모르겠지만 치아 검진에서도 충치가 진행되지 않고 잘 관리되고 있다는 이야기를 들었습니다. 하지만 직접 치과 의사 선생님께 여쭤 보니 다들 회의적인 반응을 보이셨어요. 어린이 치과 선생님께서는 충치를 없애거나 예방하기 위해 자일리톨 사탕을 추천하진 않지만 다른 치과에서 권유를 받았다면 먹어도 된다고 말씀하셨고, 일반 치과 선생님께서는 추천하지 않는다고 하셨습니다. 아이가 양치 후 입에 뭔가를 더 넣지 않는 습관을 가지는 것이 더 중요하다고 하셨지요. 의료진의 말을 안 듣고 상태가 악화되는 환자가 얼마나 답답한지 알기에 그날 바로 자일리톨 사탕과 이별했습니다. 대신 달콤한 것을 먹고 싶어 할 때는 당분이 많이 든 과자보다는 자일리톨 사탕을 주곤 했습니다.

마려우면
참지 말고!

_변비

　모유의 장점 중 하나는 흡수가 잘 된다는 것입니다. 영양분 흡수율이 높아 3~4일에 한 번, 길게는 일주일에 한 번 변을 보기도 한다고 해요. 그런데 저희 아이들은 젖양이 너무 많았던 저 때문에 모유만 먹였음에도 백일까지는 하루에 평균 열 번 정도 변을 봤습니다. 색깔은 나쁘지 않았지만 늘 묽은 변이었고, 빈도가 잦아 걱정이 많이 되었습니다. 병원에서는 묽은 변에 하얀 알갱이가 섞여 있는 것은 정상이고, 점액변이 지속되거나 혈변이 나오는 게 아니라면 크게 걱정하지 않아도 된다고 하였습니다. 게다가 아이가 쑥쑥 잘 크고 있었기 때문에 영양은 걱정하지 말라고 하였지요. 시간이 흘러 자연스럽게 이유식을 하면서 수유 횟수가 줄었고, 수분 섭취량이 줄다 보니 변 횟수도 하루에 1~2회 정도로 줄어들었습니다. 변비가 시작된다는 이유식 때에도, 배변 훈련 때에도 변비가 없던 아이에게 예상치 못한 시기에 변비가 찾아왔습니다.

- 육아 편 -

둘째 아이 출산 후 첫째에 대한 미안함과 배변 훈련을 기쁘게 받아들였으면 하는 마음에 보상으로 제공했던 달콤한 과자들을 아이가 너무 좋아하게 되면서부터였습니다. 당시 첫째 아이는 저의 자가 격리로 약속보다 오랜 시간 엄마와 떨어져 있게 되어 전에 없던 분리불안이 생겨 있었습니다. 게다가 오랜만에 돌아온 집에는 본인보다 더 엄마의 손길이 필요한 갓난아이가 있다 보니 스트레스가 심했던 모양입니다. 결국 아이는 꽤 자주 신경질적인 모습을 보이며 힘들어했습니다.

당시 저는 상실감이 클 아이에게 즉각적인 보상을 주고 싶은 마음에 이전에는 유기농, 무설탕 아기 과자만 주다가 갑자기 초콜릿 과자를 주기 시작했습니다. 또 가끔 육아에 지쳐 끼니를 챙기지 못했을 때는 남편과 함께 피자나 치킨을 시켜 먹으며 아이에게 나눠줄 때가 있었습니다. 그러다 보니 평상시 먹이는 밥은 더욱 간을 적게 한 건강식 위주로 해 먹이게 되었습니다. 자극적이고 달콤한 맛에 눈을 뜬 아이에게 심심한 식사가 맛있을 리가 없었지요. 아이는 으레 밥을 거부하거나 조금만 먹은 뒤 식후 간식을 찾았습니다. 더욱이 코로나19로 어린이집도 못 가고 집에만 있다 보니 자연스럽게 활동량이 줄어들었습니다. 비위마저 약해 냄새가 싫어서 배변을 꺼리던 아이는 놀거나 책을 보고 있을 때면 변의가 있어도 참았고 결국 변비가 생겼습니다.

저는 변비를 처음 경험하게 되어 괴로울 아이를 위해 여러 가지

방법을 찾았습니다.

과자를 먹으면서 식사량이 줄었으니 간식으로 과자 대신 과일을 많이 먹게 했고, 과일 외의 간식을 줄 때는 요거트나 프룬을 하루에 한두 개씩 먹게 했습니다. 변비 해결에도 도움되고 달콤 짭짤해 아이 입맛도 사로잡을 무조림, 우엉조림 같은 반찬도 해 먹였습니다. 물론 유산균도 먹이고 물도 수시로 먹였습니다.

그리고 사람이 없는 시간대를 골라 바깥에서 뛰고 걷게 해 신체 활동을 늘려 주었습니다. 그랬더니 며칠 지나지 않아 변비가 사라지더군요.

- 육아 편 -

변비, 왜 이렇게
잘 싸는 게 어려울까요?

아기들은 잘 먹고, 잘 자고, 잘 싸면 자기 할 일을 다 한 것이란 말이 있지요. 저는 정말로 그렇게 생각합니다. 그저 행복하고 신나게 그 순간순간에 최선을 다하기만 하면 되는 존재이고, 또 그렇게 만들어 줘야 하는 존재라고 생각하지요. 그런데 가장 기본적인 것들 중 하나인 '잘 싸는 것'을 못하게 되니 얼마나 괴로울까요?

◖ 2~3일에 한 번? 변비일까요?

변비는 주 3회 미만의 변을 보거나 아이가 변 보는 것을 힘들어하고 과도하게 힘을 줘서 변을 볼 때, 단단하고 마른 변을 보거나 배변 시 단단한 변으로 인해 출혈이 있는 경우를 말합니다. 한 번 변을 볼 때 변기를 막을 정도로 굵거나 많은 양의 대변을 보는 경우, 팬티에 설사처럼 변이 묻어나는 변실금 증상이 있을 때도 변비를 생각해 볼 수 있지요. 변비에서의 변실금은 직장 끝에 딱딱하게 차 있는 오래된 변 사이로 이후 장내에서 생성된 변들이 비집고 새어 나오기 때문에 생깁니다. 이런 변비 증상이 3개월 이상 지속되면 만성변비로 볼 수 있습니다. 아이가 2~3일에 한 번 변을 보더라도 편안하게 정상 변을 본다면 변비는 아닌 것이지요.

⬤ 변비는 왜 생기는 걸까요?

아이들의 변비는 식습관, 생활 습관의 변화로 인해 주로 생긴다고 합니다. 선천적으로 대장에 문제가 있거나 내분비 장애로 인해 변비가 오는 경우는 많지 않다고 해요. 큰 문제없이 성장하던 아이가 갑자기 변비가 온다면 생활 습관의 문제를 확인할 필요가 있습니다.

① 식습관의 변화
제 경험상 모유를 먹일 때와 잠깐 사정이 생겨 분유를 먹일 때 변의 양상에서 차이를 보이더군요. 이처럼 돌이 지나고 생우유를 먹이기 시작하는 등 식습관의 변화가 변비로 이어지는 경우가 많습니다. 그리고 분유 또는 모유만 먹던 아이들이 이유식을 시작하면 이전보다 섭취하는 수분의 양은 줄어들고 고형의 음식을 섭취하게 되니 자연스럽게 변비가 오는 경우가 많습니다.

② 변을 참는 습관

아이들이 변을 참는 이유는 다양하지만, 일반적으로 변의가 있는 것이 불편해졌을 때, 변이 굵거나 단단해 변을 보는 것이 힘들 때, 항문에 상처가 있어 변을 보려고 하면 아플 때 참는다고 합니다. 또는 배변 훈련을 너무 일찍 시작했거나 예민해서 냄새나 느낌이 싫을 때도 변을 참지요. 놀이에 푹 빠져서 변의가 있는 것을 무시하고 놀다가 때를 놓쳐 변비가 생기기도 합니다. 만약 변을 참는 습관이 지속되어 심각해지면 변이 있어도 직장이 감각을 못 느끼게 되기도 합니다.

③ 활동 부족

장의 연동운동은 활동 정도에 영향을 받습니다. 가벼운 걷기나 뛰기 같은 유산소운동이 장의 연동운동을 촉진하지요. 그런데 활동이 줄어들면 장의 연동운동이 줄어들게 되고 이것이 변비로 이어지게 됩니다.

◖● 변비 해결! 어떻게 하면 좋을까요?

① 음식으로 변의 양을 충분하게, 단단하지 않게 만들어 주세요

규칙적인 식사를 하고, 채소나 과일 같은 섬유질이 많은 식사를 챙겨 먹고, 수분 섭취를 잘하는 것이 중요합니다. 그런데 원래 섭취량이 적은 아이들은 단순히 먹는 양을 늘리는 것이 변비 해결에 도움이 되기도 합니다. 이때 섬유질이 많은 음식을 먹으면서 수분 섭취를 하지 않으면 오히려 변이 마르고 단단해질 수 있으니 반드시 수분 섭취도 함께 늘려야 합니다. 물을 마실 때는 한 번에 많은 물을 먹기보다는 소량씩 자주 물을 먹는 것이 도움이 됩니다.

② 유제품, 유산균이 도움이 될까요?

요구르트나 요거트처럼 발효된 유제품은 변비 해결에 도움이 되지만 생우유를 많이 섭취하면 배부름으로 식사량이 줄어들어, 오히려 섬유질 부족으로 변비가 생길 수 있으니 하루에 500ml 정도만 섭취하는 것이 좋습니다.

유산균은 꾸준히 먹으면 장내 좋은 미생물들이 쌓여서 장을 건강하게 해주고 유익균이 몸에서 좋은 역할을 많이 한다고 알려져 있지요. 하지만 유산균은 종류가 워낙 다양하기 때문에 모든 유산균이 변비에 효과적인 것은 아닙니다. 그러니 유산균을 꾸준히 먹는데도 변비가 있는 경우에는 담당 의사 선생님이나 약사님과 상담하여 유산균을 바꿔 볼 수 있습니다.

③ 배변 시 느낌이 불쾌한 아이

변을 보는 것이 아프고 불편해서 참는 경우는 식습관을 개선해서 변을 무르게 해주는 것이 가장 도움이 됩니다. 하지만 식습관을 개선해도 바로 변이 편하게 나오는 것은 아니기 때문에 당장의 불편감을 해결해 주는 것이 필요합니다. 변이 너무 단단해서 힘들어하는 경우에는 얇은 비닐장갑을 끼고 새끼손가락에 바셀린을 발라 항문 입구에 발라 줄 수 있습니다. 항문에 상처가 있어서 아파한다면 약을 발라 상처를 낫게 해주어야 합니다.

변기에 배변하는 방식을 낯설어하는 아이에게는 작은 변기로 응가 놀이를 하며 연습을 할 수 있고, 냄새나 느낌이 불편해서 변을 참는 경우에는 응가송이나 방귀송처럼 영상에서 나오는 노래를 따라 하며 배변을 유도할 수 있습니다. 아이가 좋아하는 응가송을 따라 부르며 화장실로 데려가면 아이도 놀이처럼 변을 보기도 하지요.

놀이에 너무 집중해서 변을 참는 아이라면, 아이가 배변을 할 법한 시간이 되었을 때 "응가 안 하고 싶어? 화장실 갈래?" 하고 확인을 해서 변의를 놓치지 않게 해주는 것도 방법입니다.

④ 장의 연동운동을 자극해요

유산소운동은 장의 연동운동을 자극하기 때문에 걷고 뛰는 활동을 늘리는 것이 좋습니다. 틈틈이 물을 마셔 주는 것도 도움이 됩니다. 그리고 따뜻한 손을 복부에 대고 시계 방향으로 마사지를 해주면 좋습니다. 샤워 후 로션을 바르면서 다리를 접어 배를 꾹꾹 눌러주며 마사지를 하는 것도 장을 자극해 배변에 도움이 됩니다.

⑤ 더 심해지기 전에 병원에 가세요

아이에게서 변비가 흔할 수 있다 생각하고 지켜보다가 만성 변비가 되는 경우가 생길 수 있습니다. 집에서 식이요법과 운동, 마사지를 했음에도 아이가 지속적으로 변을 보기 힘들어한다면 병원에서 쉽게 도움을 받을 수 있습니다. 의사 선생님이 아이를 진찰하는 것만으로도 진단과 처방이 나올 수 있고, X-ray를 찍으면 장내 상태를 명확하게 확인할 수도 있습니다. 아이의 상태에 따라 변비약이나 관장 등의 방법으로 치료를 받을 수 있습니다.

💊 변을 자꾸 못 보면 관장을 해도 될까요?

관장도 아동의 변비 치료를 위한 방법 중 하나입니다. 하지만 관장을 임의로 자주 하는 것은 추천하지 않습니다. 변을 못 볼 때마다 관장을 하다 보면 배변 능력이 오히려 떨어지게 됩니다. 또 관장을 하는 과정이 아이에게는 고통스럽기 때문에 변비를 오히려 악화시킬 수 있습니다. 필요한 경우 의사 선생님과 상의하에 적용할 수 있지만 자주 사용하기 적합한 방법은 아니지요. 변비가 자꾸만 발생하고 만성적이라면 생활 습관의 교정을 통해 극복하는 것이 좋습니다.

그거 아뜨야,
아뜨!

_화상

아이들이 혼자 움직일 수 있고 돌이 지나 활동이 자유로워지면서 화상 사고가 많이 생기는데, 통계적으로 집에서 가장 많이 발생한다고 합니다. 아이들은 70도의 온도에도 화상을 입을 정도로 피부가 약하기 때문에 목욕탕에서 혼자 놀다가 실수로 아주 뜨거운 물을 튼다거나, 어른들이 식탁 위에 올려놓은 컵라면이나 찻잔을 만져서 떨어뜨리거나 하여 화상을 입습니다. 또 가스레인지, 다리미 또는 뜨거운 국에 데기도 합니다. 아이가 어느 정도 크고 나서는 '이제는 괜찮겠지.' 하는 마음에 원래는 아이의 손에 닿지 않는 곳에 두던 뜨거운 것들을 일상적인 위치에 두었다가 사고가 나기도 하지요. 어른이 주변에 있어도 사고가 나기 때문에 아이와 뜨거운 온도의 물건이 함께 있다면 반드시 주의가 필요합니다.

저도 아기 때 화상을 입은 적이 있습니다. 그 시절 저희 집에는 모기약을 뜨거운 열판에 넣어 태우는 제품을 사용했습니다. 모기약을 갈기 위해 잠깐 약을 열판에서 뺀 사이에 기어 다니던 제가 그 열판에 손을 넣어 새끼손가락을 덴 것이지요. 그 이후로 화상을 입은 오른손 새끼손가락은 윗마디 피부가 심하게 위축되어 아직도 울퉁불퉁하고 단단하게 만져집니다. 이렇게 화상은 가벼워 보여도 영구적 피부 손상을 불러올 수 있기 때문에 반드시 응급처치 후 병원에서 치료를 받아야 합니다.

첫째 아이가 두 돌이 될 때까지 넘어지고, 미끄러지고, 침대에서 떨어지고, 손을 베기도 했지만 한 번도 화상을 입진 않았습니다. 제가 어린 나이에 덴 자국이 아직도 있으니 화상만큼은 특별히 주의했기 때문이기도 했지요.

28개월이 된 겨울, 아이는 간만에 놀이터에서 꽁꽁 언 모래를 파내고 뒤집어 써가며 신나게 놀고 들어와 따뜻한 물로 목욕을 했습니다. 평소에는 집이 데워지지 않은 상태로 급하게 씻길 일이 드물다 보니 사용할 일이 거의 없었던 온풍기를 아이를 닦이는 침대 아래에 틀어 두었습니다. 침대 아래 구석에 두면 따뜻한 공기는 위로 올라가고, 아이도 만질 일이 없을 거라고 생각했지요.

아이는 오랜만에 놀이터에서 실컷 놀고 와서 목욕 놀이까지 마치고 나니 기분이 좋은지 내내 신이 나서 까불며 노래도 부르고 침대를 뒹굴거렸습니다. 신이 난 아이를 더 놀게 두고 욕실로 들어가 정리를 시작한 지 얼마 되지 않았을 때였습니다. 아이의 찢어지는 듯한 비명이 섞인 울음소리가 들렸습니다.

욕실에서 뛰어나와 보니 아이는 얼굴이 빨개져서 울고 있고, 남편이 아이를 안고 싱크대에서 흐르는 찬물에 아이의 손을 대주고 있었습니다.

"인형이 떨어져서 줍는다고 침대 밑에 내려갔다가 온풍기를 만졌나 봐."

세상에나! 탄식이 나왔습니다. 아이가 온풍기의 바람이 나오는 철망 부분을 손으로 만진 것입니다. 얼른 가서 온풍기를 끄고 아이에게 가니 아이는 아까보다는 진정되어 보였지만 여전히 따갑다며 울고 있었지요.

아이의 손을 보니 둘째, 셋째, 넷째 손가락 첫마디에 빨갛게 온풍기 철망 모양으로 화상을 입은 것이 보였습니다. 조금 더 공기를 데우고 끌 생각으로 그대로 욕실로 향한 제가 어찌나 원망스럽고 후회가 되던지요. 아이를 붙잡고 10분가량 흐르는 물에 손을 대주고 있다가 물을 끄고 혹시 다른 덴 곳은 없는지 손 전체를 꼼꼼히 살폈습니다. 화상을 당하면 급하게 찬물에 식히느라 미처 발견 못 한 화상 부위가 있을 수 있는데, 초기에 열기를 식히지 못하면 피부 손상이 더 심해질 수 있기 때문입니다. 특별히 더 덴 곳이 없어 보였고 심한 화상이 아닌 것 같아 하루 더 경과를 보기로 했습니다. 다음 날, "엄마 이거 봐요. 앗 뜨거워 자국이야."라며 손가락을 보여 주는 아이에게 미안하고 고마운 마음이 들었습니다. 지금은 아이의 손가락이 깨끗이 아물어서 흔적도 없지만 그때 놀랐던 마음은 생생합니다.

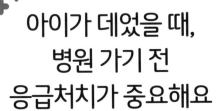

아이가 데었을 때, 병원 가기 전 응급처치가 중요해요

　화상은 물, 불, 전기 제품, 화학약품 등에 의해 피부가 열로 인한 손상을 입는 것을 말합니다. 정도에 따라 단계를 나눌 수 있고, 단계에 따라 치료가 달라집니다. 제 아이의 경우 물론 무척 놀랐지만, 다행히 다음에 더 조심할 수 있도록 경각심을 심어 주는 정도의 작은 사고였습니다. 실제로 화상은 심할 경우 피부가 위축되는 변형이 일어나고 치료하는 동안도 고통스럽기 때문에 정말 주의해야 합니다.

　사고가 발생하고 나면 돌이킬 수 없지만 그나마 다행인 것은 빨리, 제대로 조치를 취하고 치료를 받기 시작하면 아이들은 회복력이 좋아서 정도에 따라 흉터 없이 아무는 경우도 많다는 것입니다.

🔵 화상의 단계는 어떻게 나뉘나요?

1단계는 겉의 피부층(표피)이 손상되어 피부가 빨갛게 되는 정도로, 물집이 잡히면 2단계로 봅니다. 2단계는 겉의 피부층 아래에 진피층이 손상된 경우로 얕은 화상 단계와 깊은 화상 단계로 구분할 수 있습니다.

얕은 화상 단계는 표재성 화상이라고도 부르는데, 진피층의 위쪽 일부가 손상된 상태로 물집 아래로 피부가 균일하게 빨갛게 보이고 대부분 2주 정도 치료하면 낫습니다.

깊은 화상 단계는 심재성 화상이라고도 부르는데, 진피층 아래쪽 깊은 부분이 손상된 상태로 물집을 제거하면 하얗거나 노란 막이 형성되어 있기도 합니다. 이 막을 '가피'라고 부릅니다. 피부가 벗겨진 부위에 체액이나 혈액이 말라서 달라붙어 있는 것으로 정상 조직이 자라나는 것을 방해하기 때문에 치료 중에 지속적으로 제거해야 하지요. 이렇게 심재성 화상은 치료도 더 복잡하고, 대부분의 경우 흉터가 남으며 3주 이상의 치료 기간을 갖습니다.

3단계는 피부 전체층에 화상을 입어서 지방층까지 손상된 상태로 피부 이식이 필요할 수 있습니다. 4단계는 피부 조직뿐 아니라 근육, 뼈까지 손상된 상태로 경우에 따라 화상 부위를 절단하는 수술을 하기도 합니다. 성형외과 병동에서 근무할 당시 심한 화상으로 다리를 절단한 뒤 절단 부위 피부가 제대로 아물지 않아 피부 재건을 수차례 하는 환자들을 봐왔었기에 화상의 위험성은 너무나 잘 알고 있었지요.

⬤ 화상을 입었다면 어떻게 해야 하나요?

① 가장 먼저 화상 부위를 흐르는 찬물에 20분 이상 대고
   열기를 식혀 주세요

이때 물살이 세거나 샤워기를 사용하면 오히려 환부를 자극할 수 있으니 약한 수압으로 흐르는 찬물에 화상 부위를 대고 있는 것이 가장 좋습니다. 만약 이것이 불가능한 상황이라면, 깨끗한 곳에 물을 받아 담그고 있되, 지나치게 찬물이나 얼음물은 피해야 합니다. 지나치게 찬물은 급격한 온도 변화로 화상 부위 혈관을 수축시켜 혈액순환이 안 되서 상처가 덧날 수 있고, 얼음이 깨끗하지 않으면 감염 우려가 있기 때문입니다.

그리고 액체에 의한 화상의 경우 액체가 흘러내려간 뒷부분이나 피부가 접히는 부분처럼 잘 보이지 않는 부위에 발견되지 못한 화상이 있을 수 있습니다. 그런 경우 응급처치를 못해서 피부 손상이 더 심해질 수 있습니다. 예를 들어 다리에 화상을 입었다면 무릎 뒤, 손에 화상을 입었다면 물에 열기를 식힐 때 잡고 있던 손목에 화상이 더 심한 경우가 있지요. 그렇기 때문에 화상 부위 주변을 전체적으로 물을 대어 식혀 주는 것이 좋습니다.

- 육아 편 -

② 열기를 식혔다면 바로 병원으로 가세요

물집이 생겼다면 터뜨리지 마세요. 물집을 집에서 터뜨리면 물집 아래에 있는 피부층이 세균에 감염될 위험이 높습니다. 화상을 입었을 때 주변 장신구나 옷을 제거하면 좋지만 화상 부위에 옷이나 장신구가 달라붙었다면 그것을 떼다가 물집이 터져 세균 감염이 생길 수 있고 피부가 더 손상될 수 있습니다. 그런 경우에는 열기만 식히고 바로 병원으로 가서 제거해야 합니다.

③ 민간요법은 시행하지 마세요

화상 부위에 소주를 붓거나 된장을 바르거나 하는 행동은 치료에 전혀 도움이 되지 않습니다. 또한 병원에 갈 때에는 집에 있는 화상 연고나 바셀린을 바르지 말고 가야 합니다. 만약 물집이 터져 화상 부위가 드러났다면 찬물을 적신 깨끗한 수건이나 멸균된 거즈로 화상 부위를 감싸고 가면 좋습니다.

⬤ 화상전문병원으로 꼭 가야 하나요?

일반적으로 아이가 화상을 입게 되면 놀란 마음에 가까운 병원을 먼저 찾게 됩니다. 대학병원에 근무할 때 제 조카도 뜨거운 국이 이마에 튀어서 응급실로 왔습니다. 그런데 일반 응급실은 아이 친화적인 분위기도 아니고 화상 전문의 선생님이 상주하시지 않아서 말 그대로 응급처치와 상태 확인만 해주었습니다. 당시 세 살이었던 조카는 번잡한 사람들 틈에서 울며 힘들게 얼음찜질을 해야 했고, 이마에 두꺼운 드레싱을 하고 테이프를 여기저기 붙여 고정하는 처치를 받았습니다. 이후 피부과 외래나 인근 화상전문병원을 권유받았는데, 그날 바로 화상전문병원에 가니 아주 깔끔하고 생활하기 편안한 가벼운 드레싱으로 변경해 주었다고 해요.

2단계 심재성 화상부터는 흉터가 남을 수 있어서 매일 소독과 드레싱은 물론, 필요하다면 그 이상의 치료를 받아야 하므로 가능하다면 화상전문병원을 가길 권합니다. 더 심한 화상은 다른 과와 협진해야 할 가능성이 있어서 종합병원급 이상에서 진료와 치료 방향을 결정하는 것이 좋다고 생각합니다.

🔘 어떤 치료를 받나요?

상처 부위를 소독하고 세균이 들어가지 않도록 청결한 상태에서 물집을 제거합니다. 경우에 따라 연고를 도포한 후 드레싱을 하기도 하고 진물을 흡수하는 재료로 드레싱을 하기도 합니다. 아이들이 2단계 이상의 화상을 입을 때는 흉터가 남을 수 있기 때문에 매일 환부를 확인하여 소독해야 합니다. 일정 기간이 지나 아물었을 때는 집에서 연고 도포를 할 수 있도록 교육을 받게 됩니다. 3단계 이상의 화상은 시술이나 수술적 치료가 필요하기 때문에 정도와 상황에 따라 전문의 선생님과 치료 방향을 논의합니다.

◉ 보험이 되나요?

일반적으로 태아 보험에 있는 화상 보장은 2단계 심재성 화상부터 해당되는 경우가 대부분입니다. 전문의 선생님이 상처를 확인하고 진단서에 심재성인지, 표재성인지 작성해 주기 때문에 병원에서 실비보험 해당 여부를 확인할 수 있습니다.

왜 늘 고개가
기울어 있지?

_사두, 사경

저와 남편은 동글동글한 머리형입니다. 덕분에 두상이 납작해서 고민해 본 적이 없고, 아이를 출산하고 낳아 키우면서도 두상 걱정은 없었습니다. 제가 간호사일 때의 버릇이 남아 있어 첫째 아이는 신생아 때부터 2시간마다 체위 변경을 해주며 잘 때마다 조금씩 아이가 보는 방향이나 눕는 기울기를 달리 해주어 머리가 아주 동글동글했습니다.

그런데 1년 후 사촌 조카가 태어난 지 100일경 사경은 없지만 심한 사두증이 있다는 진단을 받았습니다. 사촌 동생이 아이의 고개를 돌려 보려 해도 아이가 본인이 편한 방향을 고집하니, 어쩔 수 없다고 생각하고 있던 때, 심장 문제로 들렀던 대학병원에서 심장은 괜찮아졌는데 사두증이 심하다는 진단을 받게 된 것이지요. 치료를 위해 사촌 동생이 몸조리와 잠을 포기하고 밤낮으로 교정해서 사두증에서 벗어난 것을 보고서야 저도 사두와 사경에 대해 알게 되었습니다.

- 육아 편 -

아이들은 머리뼈가 완전히 다 붙지 않은 조각조각의 상태로 태어나서 천천히 유합이 이루어집니다. 앞숫구멍(대천문), 뒷숫구멍(소천문)이 다 닫히는 시기까지 머리가 천천히 만들어지는데 이 시기에 한 자세, 한 방향으로만 오래 누워 있을 경우 뇌의 무게 때문에 머리 모양이 삐뚤게 형성됩니다. 이런 자세성 사두증을 포함해서 머리가 대각선으로 변형되는 것을 사두증, 뒷머리가 납작하고 편평하게 넓어지는 것을 단두증이라고 합니다. 그리고 사두증은 사경증을 동반하기도 합니다. 사경은 목이 좌측이나 우측으로 돌아가거나 기울어 있는 것을 말하는데, 사경이 심할 경우 안면비대칭이 올 수 있고 나아가 척추측만이 생길 수 있다고 해요.

둘째 아이가 생후 100일이 지나 제법 목을 가눌 무렵이었습니다. 재활의학과 병동에서 근무하는 간호사 친구가 오랜만에 놀러와 최근 사경으로 수술을 받은 환아 이야기를 들려주었습니다. "그래, 사경이 심하면 수술한다더라." 하고 잠깐 스쳐간 이야기 주제였는데, 친구가 돌아가고 나서 문득 '우리 애는 괜찮은가?' 하는 염려가 스쳤습니다. 아무래도 둘째는 첫째와 달리 자주 고개나 몸을 돌려 주지 못했고, 오래 자면 '순하게 잘 자줘서 고맙네.'라고만 생각했거든요. 그러던 어느 날 며칠 동안 카시트에 앉은 아이의 고개가 왼편으로 기운 느낌이 들었습니다. 평상시에는 잘 보이지 않았지만, 카시트에만 타면 고개가 기울어 보였지요. 사두와 사경은 발견이 빠를수록 치료 효과가 좋다는 말을 들어 왔기에 당장 아이를 데리고 소아과로 갔습니다.

아이 목이 기운 것 같다는 제 말에 선생님은 아이 머리를 만지며 얼굴을 빤히 보시더니 무덤덤하게 "그쪽이 편한가 보죠."라고 답했습니다. 그러면서도 목의 근육과 덩어리 여부를 체크하고 고개를 돌려 보는 등 꼼꼼히 촉진을 해주셨습니다. 저는 카시트나 유모차에 그대로 누워 몇 시간씩 있기도 하고, 베개 없이 재우고 고개도 돌려주지 못했다고, 제가 유난이 아님을 증명하기 위해 병원에 내원한 이유를 자세히 설명했습니다. 제 얘기를 들은 선생님께서는 안심해도 될 것 같다며 정면을 보고 있을 때 고개가 기운 느낌이 없고, 특별히 목 주변에 근육이 뭉치거나 덩어리가 만져지는 것이 없다고 했습니다. 혹시 계속해서 고개가 기울어 있는 것 같으면 다시 한 번 내원하라고 했지요.

돌아오는 길에 남편은 아이가 잘 크고 있는데 제가 걱정이 많다며 놀렸습니다. 하지만 저는 첫째 때보다 아이 두상에 신경을 못 써줬다는 미안함 때문인지 돌이 될 때까지도 둘째 아이가 고개를 갸웃 기울이고 있을 때면 덜컹하는 마음이 들곤 했습니다.

- 육아 편 -

사두, 사경, 조기 발견과 관리가 중요해요

사두와 사경은 아는 사람은 빠삭하게 알고, 모르는 사람은 들어 본 적도 없는 이름 중 하나인 것 같습니다. 저 역시 간호사로 일하면서도 일반 병동에서는 들어 본 적이 없고, 가까이에 관련된 문제로 고민하는 사람을 만나고서야 알았으니까요.

🔘 사두증, 왜 생기는 건가요?

아이들의 두개골이 완전히 유합되는 약 2년 정도의 기간 동안 두상이 만들어지는데요. 대부분의 사두증은 아이들이 편한 방향으로 생활하면서 생기는 '자세성 사두증'이지만, 간혹 머리뼈의 융합선이 일찍 닫혀 버리는 두개골 조기 유합증으로 인해 생기는 경우가 있다고 합니다. 이런 경우 뇌는 성장하는데 머리뼈는 닫혀 버렸기 때문에 여러 가지 문제가 생길 수 있어서 일찍 발견하지 못하거나 방치하면 수술적 치료가 필요하다고 합니다.

일반적으로 우리가 보게 되는 경우는 자세성 사두증입니다. 이는 똑바로 또는 한 방향으로만 오래 누워 있을 때 생기기 때문에, 과거에는 두상을 위해 아기를 엎어 놓고 키우거나 재우는 사람도 많이 있었지요. 하지만 이 자세가 영아돌연사증후군의 큰 요인 중 하나인 것이 밝혀진 후 아이를 바로 재우는 부모가 많아지면서 사두증이 증가했다고 합니다.★ 그리고 사경 때문에 고개를 돌리기가 힘든 아이들이 사두증이 생기기도 하지요.

◪ 사두증은 치료가 되나요?

「자세성 사두증의 진단과 치료」라는 논문을 보면 육안 및 여러 정밀 검사를 통해 사두증을 진단하고, 치료법에는 위치 조정(재배치), 물리치료, 보조 기구(헬멧), 수술 등의 방법이 있다고 합니다.

위치 조정은 누워 있을 때 머리의 위치를 바꿔 주고, 깨어 있을 때 엎어 두는 시간을 늘려 한쪽으로만 가해지던 압력을 최소화하고 분산시키는 방법입니다.

★ 「자세성 사두증의 진단과 치료」, 정규진 외 1명 지음, 《대한두개안면성형외과학회》, 2013

물리치료는 한쪽으로 누워 있어 굳어지는 근육을 이완하고 반대쪽 근육을 강화하는 치료입니다. 물리치료 전문가를 통해 정기적으로 받는 한편, 부모도 함께 배워서 집에서 위치 조정과 함께 지속해 주어야 합니다.

보조 기구 착용은 병원에서 아이의 상태를 확인하며 중등도에 따라 보조기 착용을 권유받는 경우 진행합니다. 위치 조정이나 물리치료가 제대로 적절하게 이루어지지 못할 경우 사두증이 심해질 수 있는데, 보조기를 매뉴얼대로 착용하면 교정이 되기 때문입니다. 다만 아이의 사이즈에 딱 맞춰 늘 착용해야 해서 아이가 불편할 수 있고 성장에 따라 내부 폼을 깎아 나가며 조정을 해야 합니다.

🔘 예방법이 따로 있나요?

자세성 사두증은 머리가 한쪽으로만 받는 압력을 줄여 주면 생기지 않습니다. 그래서 아이가 배로 엎드려 머리를 드는 시간을 하루에 적어도 30분 이상 가지면 좋습니다. 이걸 '터미타임(Tummy Time)'이라고 합니다. 터미타임 중에 아이가 지쳐서 고개를 떨군 채 들지 못하면 치명적인 사고로 이어질 수 있기 때문에 반드시 보호자가 아이를 보고 있어야 합니다. 그리고 아이가 자는 동안에는 어느 한 부분만 압력을 받지 않도록 주기적으로 고개를 돌려 주거나 자세를 바꾸어 주는 것이 좋습니다.

⬤ 사두증을 내버려 두면 예쁘지 않을 뿐, 문제는 없는 것이 아닐까요?

통증이나 다른 문제보다는 머리가 삐뚤어져 있기 때문에 그대로 방치하면 안면비대칭이 올 수 있습니다. 그리고 사두증 아이에 게서 발달 지연이 생길 수 있다는 연구가 있긴 하지만, 특징적이지 않아서 사두증으로 인한 발달 지연은 명확하게 관련짓지 않는다고 해요.★

⬤ 목이 기울어 있으면 모두 사경일까요?

아이가 목을 한쪽 방향으로만 돌리거나 보려고 해서 반대로 돌려 주려고 하면 울고 보챌 때, 아이의 얼굴 중심선을 기준으로 대칭이 맞지 않을 때, 목빗근 근처로 멍울이 만져질 때 사경을 의심해 봐야 합니다. 사경은 자궁 내에서 태아의 자세 문제로 발생하는 경우가 많습니다. 이 밖에도 자세로 인해 생기는 자세성 사경이나 눈의 발달 문제로 인해 생기는 안성사경이 있는데, 최대한 빨리 발견해서 치료를 하는 것이 도움이 됩니다.

★ 〈Developmental Delays Found in Children with Deformational Plagiocephaly〉, On the pulse, Seattle Children's, 2012

- 육아 편 -

🔵 사경증도 치료가 될까요?

근성사경으로 목빗근이 경직되거나 멍울이 진 경우에는 물리치료를 할 수 있습니다. 하지만 아이가 목을 가누고 활동을 하기 시작하면 신체적·정신적으로 스트레칭에 대해 거부가 심해지기 때문에 가능하면 생후 3~4개월 이전에 발견해서 치료를 빨리 시작할수록 예후가 좋지요. 스트레칭만으로 충분히 교정되지 않는 경우에는 수술적인 치료를 할 수도 있지만 그런 경우 얼굴에 변형이 오기 전에 수술을 해야 해서 만 1세 이전에 수술을 한다고 해요. 그리고 수술을 한다고 해도 물리치료가 충분히 받침이 되어 줘야 하기 때문에 보호자와 아이가 함께 치료에 협조해야 합니다.

외상성 또는 눈의 발달 문제 때문에 발생하는 사경증은 원인에 대한 치료와 함께 진행이 되어야 합니다.

🔵 사경증을 모르고 방치하면 어떻게 될까요?

아이의 문제를 알고도 방치하는 부모는 없겠지만, 심하지 않은 정도에서는 몰라서 조치를 못해 줄 수도 있습니다. 사경을 치료하지 않으면 정도에 따라 안면비대칭, 턱관절의 장애, 척추측만증 같은 문제가 생길 수 있습니다. 외모로 보이는 부분이다 보니 심리적 스트레스도 클 수 있지요. 그래서 사경의 치료 방향도 안면비대칭을 없애는 것이라고 하더군요.

아이를 키우다 보면 할 일도 많고 정신도 없어서 온전히 아이만
바라보는 시간이 의외로 적습니다. 하지만 주변에 사두증이나 사경
증을 치료 중인 사람들의 이야기를 들어보면 온전히 아이에게만 집
중하여 고개가 기울진 않았는지, 두상은 괜찮은지 등 꼼꼼하게 발달
및 건강 상태를 확인하는 것이 중요하겠다는 생각이 듭니다.

제 주변에는 개인병원에서는 사경이 아니라고 여러 차례 진단을
받았음에도 엄마가 볼 땐 고개가 기울어진 느낌이 계속 들어 결국
대학병원까지 가서 진단을 받은 분도 계셨답니다. 저처럼 걱정되어
갔는데도 의료진이 대수롭지 않아 하면 주눅이 들고 민망해지지요.
하지만 결국 아이를 가장 오랜 시간, 자주 보는 건 엄마이니, 엄마가
의심되고 걱정된다면 반드시 전문병원에 들러 전문의와의 상담과
확실한 검사를 통해 확인을 받아보는 것이 중요하겠습니다. 어느 것
하나 장담할 수 없는 영아의 육아에서 안전하다는 것을 확인받는 것
만으로도 큰 짐을 덜 수 있으니까요.

아토피랑 습진이
다른 게 아니라고요?

_유아 습진

살성이 좋은 편인 저는 첫아이 출산 전까지는 습진을 겪어 본 적이 없었습니다. 습진이라는 말을 처음 접한 건 엄마의 주부습진이었고, 실제로 제 손에 습진이 생긴 것은 첫아이 때 천 기저귀를 사용하게 되어 매번 빨래비누로 손빨래를 하면서부터였습니다. 그때 저는 물이 계속 손에 닿아서 습진이 생겼다고 생각해서, 빨래 횟수를 줄이고 핸드크림을 잘 발라 해결을 했지요. 그런데 문제는 저보다 피부가 약한 두 아이에게 일어났습니다.

첫째 아이가 태어난 후 첫 겨울, 저는 처음으로 아이의 습진을 경험했습니다. 다행히 처방받은 보습제를 신경 써서 발라 주니 금세 매끈하고 보송한 피부로 돌아왔지요. 하지만 건조한 계절이 오면 재발해서 틈틈이 보습에 신경을 써야 했습니다. 그런데 유난히 피부가 약한 둘째는 습진으로 꽤 고생을 해야 했습니다.

둘째는 태어난 지 한 달 동안 몸 전체가 붉고, 얼굴에는 불긋한 자국과 여드름이 많았습니다. 첫째 때 하얀 아기만 보다가 빨간 아기를 보니 당황스러웠지만 다행히 틈틈이 보습을 잘 해주니 곧 매끈하고 새하얀 피부로 돌아왔지요. 그런데 세 계절이 지나고 늦가을이 되니 건조한 공기와 이사로 인한 새집증후군 때문인지 아이가 내내 몸을 긁기 시작했습니다. 처음에는 침을 많이 흘려서 옷옷이 젖으니 피부가 예민해서 긁는 건가 하고 턱받이를 대고 보습을 신경 썼지만 점차 심해졌습니다. 양쪽 어깨와 가슴 부근의 피부가 붉고 거칠어지며, 긁은 흉터로 가득했습니다. 걱정이 되어 아이를 데리고 병원에 갔더니 습진이라고 보습제를 처방해 주셨습니다. 다만 현재 증상이 너무 심하니 2~3일간은 스테로이드 연고를 아침저녁으로 얇게 발라 주라고 하셨습니다. 그리고 턱받이가 습진을 악화시킬 수 있다며 차라리 가려워하는 부분은 조금 열어 두라고 하셨습니다. 하지만 스테로이드 연고를 바를 때만 잠깐 가라앉을 뿐이었습니다. 결국 다시 병원을 찾았습니다.

"혹시 이거, 아토피인가요?"

첫 직장이었던 종합병원의 병원장이었던 소아과 과장님은 부산에서 아토피 치료로 유명한 분이셨고 덕분에 아토피로 입원한 환아를 꽤 봤었습니다. 그때 아이들이 고생하는 것을 너무 많이 봐서 만약 아토피라고 하면 이사 온 지 얼마 안 된 집을 떠나 다시 이사 갈 생각까지 했지요.

"아토피까진 아니고 그냥 습진이에요. 돌 전 아이들은 피부가 약해서 습진이 잘 생깁니다. 보습 잘 해주세요. 심해지면 스테로이드

　　　　　　　　　　　　　- 육아 편 -

2~3일 발라 주시고요."

　아토피가 아니라는 말에 안심은 했지만 조금 좋아졌다 다시 악화
되는 양상이 반복되니 아이도 안쓰럽고 상처가 가득한 아이의 몸을
보는 것도 괴로웠지요.

　아이의 습진 치료로 스트레스를 받던 중 임산부와 초보 엄마들을
대상으로 하는 소아청소년과 의사인 심소연 교수님의 강의를 들을
기회가 있었습니다. 질의응답 시간이 마련되어 습진에 대해 문의드
렸습니다. 땀띠나 건조증의 경우에도 왜 습진이라고 하는지, 도대체
아토피와 습진의 차이는 무엇이며 왜 이렇게 안 낫는지 말이죠. 교
수님께서는 "습진은 피부의 가려움, 붉어짐, 부어오름, 진물, 각질 등
의 여러 증상을 보이는 피부 질환을 통칭하는 말"이라고 하시며 피
부염과 같은 의미라고 하셨습니다. 그리고 아토피 피부염은 습진이
심해져서 생기는 것이 아니라 습진의 일종이라고 알려 주셨습니다.

　아이의 피부에 생기는 대부분의 문제가 '습진'이라는 단어로 통칭
되는 것이었지요. 저희 아이의 진단명은 피부건조증인데 담당의께
서 습진이라고 설명하는 것도 보호자가 잘 알아듣게 하기 위해서라
고 하셨습니다.

　질문에 답을 해주신 교수님께서는 엄마가 지나치게 습진에 신경
쓰지 않길 바란다고 했습니다. 그저 아이에게 깨끗하고 보송한 옷을
입히고 때마다 보습을 잘해 주면 된다고 하셨지요. 하지만 둘째는
늘 보송한 옷을 입히고 자주 보습을 하는데도 잘 낫지 않고 심하게
긁어 상처가 나니 무던하게 생각하기가 어려웠습니다.

습진 치료의 핵심은 보습!

습진은 일반적이고 아토피는 무서운 질환이라는 인식 때문에 습진으로 진료를 볼 때마다 "아토피는 아니겠죠?" 하고 물었습니다. 그런데 아토피가 습진의 일종이라니 맥이 빠지면서도 관리만 잘하면 금세 깨끗한 피부로 돌아오겠다는 희망도 생겼습니다.

아이들은 왜 습진이 잘 생길까요?

아이들은 어른보다 피부가 연약하고 부드러운데, 특히 돌 전에는 피부 장벽이 단단하지 않아서 습진이 잘 생깁니다. 명확한 원인이 밝혀져 있지는 않지만, 습진은 아이가 가진 유전적인 성향과 외부 자극이 만나면서 악화될 수 있다고 합니다. 사람마다 각각의 다양한 요인으로 지속적인 피부 자극을 받으면 피부 장벽이 무너지고 염증이 생기게 되는 것이지요. 피부가 건조해서, 습해서, 자극을 받아서 생기는 모든 문제를 습진이라고 부르기 때문에 명확한 원인을 규명하기는 어렵습니다.

🔵 보습을 도대체 얼마나 해야 하는 걸까요?

심한 습진이 아닌 가벼운 가려움증, 건조증 같은 경우는 보습만으로도 충분히 나아지는데 아무리 열심히 보습을 해줘도 잘 낫지 않을 때는 답답한 마음이 듭니다. 소아과에서 해당 문제로 상담을 하니 횟수를 정하지 말고 생각날 때마다 보습을 해주라고 하시더군요. 오염물질이 아이의 피부에 묻어 있을 경우 물로 씻어 내고 바로 보습을 해주는 것이 좋은데 목욕을 오래 하거나, 매번 세제로 씻거나, 너무 더운 물로 씻는 것은 오히려 아이의 피부에서 수분을 빼앗아 건조하게 만들기 때문에 주의해야 합니다.

🔵 태열이 있는 아이, 습진이나 아토피가 심해지는 걸까요?

태열은 정확하게 정의된 의학 용어가 아닙니다. 그러나 오래전부터 신생아나 영아에게 나타나는 피부 문제를 태열이라고 불러와서 일반적으로 통용되게 되었다고 합니다. 태열이 있었다고 해서 나중에 반드시 피부 질환이 나타나거나 진행되는 건 아닙니다. 다만 아이의 피부가 약하다는 것을 보호자가 알고 있으니 피부 관리와 보습, 음식이나 환경 관리에 신경 쓰는 것이 좋습니다.

아이 피부 관리는 어떻게 해야 하는 걸까요?

출산 전 신생아 관리를 배울 때 목욕은 꼭 아빠에게 맡기라며 들은 말이 있습니다.

"아이는 매일 씻길 필요가 없고, 구석구석 꼼꼼히 씻기지 말고 대충 씻기세요. 제일 좋은 건 아빠가 씻기는 겁니다. 아빠는 애를 매일 씻기지도 않고 열심히 씻기지도 않으니까요."

당시에는 우스갯소리로 여겼지만 출산 후 교육에서도 매일 세제로 아이를 씻기는 것이 오히려 아이의 피부 보호막을 파괴하고 건조하게 만들 수 있으니 신생아 때에는 2~3일에 한 번 씻기면 된다고 하더군요. 하지만 이물질이 묻거나 땀을 많이 흘리는 아이는 피부의 청결을 위해 매일 닦이거나 씻기는 것이 좋다고 합니다.

아토피 환아 목욕 교육을 떠올려 보니 피부 자극은 줄이면서도 건조하지 않게 목욕하는 법을 알 수 있었습니다. 미지근한 물로 씻기고, 계면활성제가 들어 있지 않아 거품이 적게 나는 세제나 약산성 또는 중성세제를 사용해서 피부 자극을 줄이고, 가능한 빨리 씻겨서 물이 닿는 시간과 세제가 닿는 시간을 최소화합니다. 다 씻긴 후에는 물기만 톡톡 닦아 낸 후 바로 보습을 해줍니다. 보습제는 한 번에 두껍게 바르기보다 전신에 바른 후 문제가 되는 부위는 수시로 추가 보습을 해줍니다. 만약 아이가 가려움을 느껴 긁어서 상처가 난다면 2차 세균 감염이 일어날 수 있으므로 손톱을 짧게 깎고 심하게 긁는다면 손에 장갑을 끼우는 것도 방법입니다.

3부

이론을 많이 알면
육아에 도움이 될까?

– 간호사맘의 실전육아법 –

손 타면 힘드니까
안아 주지 말라고요?

영유아기 아이에 대한 강의나 강연을 들으면 빠지지 않았던 말이 "만 3세까지 아이에게 전폭적인 사랑을 줘야 한다."는 것이었습니다. 그 이유는 뇌과학적으로 출생 후부터 만 3세까지는 감정과 본능을 담당하는 뇌의 변연계라는 부분이 발달하는 시기인데, 편안하고 따뜻한 양육자와의 경험과 스킨십, 교감, 안정적인 애착형성을 통해 발달하기 때문입니다.

변연계가 사회성, 정서적 교환, 위기 대처 등에 영향을 미친다고 보고 있는 만큼 이 시기의 경험과 발달은 무척 중요합니다. 정신건강의학과 의사인 오은영 박사님도 방송에서 "만 3세까지 부모와의 상호작용이 아이의 기억에 저장되어 애착 패턴이 형성된다. 그리고 이렇게 형성된 애착 패턴이 고정되어 이후 인간관계에서도 그대로 작동되어 행동화되고, 자신의 자녀에게도 되물림되는 양상을 보인다."라고 했지요. 또 소아정신과 의사인 신의진 박사님은 "세 돌 이

전의 아이에게는 애착이 만병통치약"이라고도 했습니다.

이렇게 애착 형성의 중요성을 계속해서 들어왔던 저는 결혼 전, 당시 남자 친구였던 지금의 남편에게 아이를 몇 명 출산하든 막내가 세 돌이 될 때까지 가정 보육을 하겠다고 선언했습니다. 그리고 결혼 후 임신 사실을 알게 되었을 때 시간이 허락하는 동안 끊임없이 아이를 안아 주고, 사랑해 주고, 아이의 모습을 사진이 아닌 눈과 마음에 담겠노라고 다짐했지요.

그런데 아이를 출산하고 나니 육아 선배들로부터 너무나 다른 가르침을 받게 되었습니다. 산후조리원에서도, 산후도우미님도, 주변 어른들까지도 모두 "손 타니까 너무 안아 주지 말라."라고 하셨지요. "손 타면 왜 안 돼요?"라는 물음에는 다들 한결같이 "손 타면 계속 안아 줘야 해서 힘들어. 안아 달라고 할 때만 안아 주고 가능하면 혼자 놀게 해." 하고 대답하시곤 했습니다.

물론 그게 저의 건강을 위해 하는 말인 것은 알고 있었지만 저는 그 말이 참 야속했습니다. 이제 막 세상에 나와서 저 말고는 의지할 곳 없는 아이에게 엄마의 품을 포기하는 습관을 가지라는 말 같아서 들을 때마다 씁쓸했습니다. 그래서 "저는 튼튼해서 괜찮아요. 제가 안고 있고 싶어요."라고 말하며 참 많이 안아 주었습니다. 아이가 자고 일어날 때마다 몸을 쓰다듬고 안아 주며 사랑한다고 고맙다고 말해 주었고, 기저귀를 갈고 나서는 아이를 안아 올려 실컷 엉덩이를 두드려 주었습니다. 이유를 알 수 없이 울며 보챌 때는 아이를 단단하게 안고 부드럽게 속삭여 주었고, 젖을 먹일 때도 아이의 눈을 마주 보며 머리와 얼굴을 쓰다듬었습니다. 언젠가 피부 미용을 위해서는 얼굴을 자주 만지지 말라는 말을 들었지만, 너무 예쁘고 사랑스러워서 내내 쓰다듬고 뽀뽀를 할 수밖에 없었지요.

요리에 큰 재능이 없었던 저는 여유 시간이 많은 날이 아니고서는 요리를 하지 않고 아이에게 집중했습니다. 살림을 하다가도 아이가 안기길 원하면 언제든 하던 일을 멈추고 안아 주었습니다. 제가 잠시 외출을 해야 할 때도 몰래 사라지지 않고 밝게 인사를 하고 외출을 했고, 돌아와서도 반갑게 인사를 했습니다. 그랬더니 제가 친정 엄마께 잠깐 아이를 부탁하고 자리를 비워야 할 때도 아이는 살짝 서운해하긴 해도 잘 기다려 주었습니다. 15개월경부터는 오히려 안아 달라 보채거나 칭얼대지 않았고, 제가 너무 피곤해서 잠깐 잠이 들어도 혼자 장난감으로 놀다 필요할 때 깨우곤 했습니다.

아이는 편하지 않은 곳에서 예상치 못하게 잠깐 엄마가 없어도 "엄마 곧 올 거야."라고 알려 주면, "엄마 빨리 오세요. 제가 기다려요." 하고 차분하게 놀며 기다릴 수 있게 되었고, 새로운 환경에서도 엄마 뒤에 숨어 있지 않고 나아가 자신이 해보고 싶은 것을 찾아 도전할 수 있게 자랐습니다. 31개월에 어린이집에 처음 가면서도 울지 않고, 처음 보는 친구와 언니들에게 "안녕?" 하고 먼저 말을 건네는 아이가 되었지요.

그런데 둘째 아이는 달랐습니다. 둘째 출산 후 예상치 못한 일로 오래 떨어져 있어야 했던 첫째에 대한 미안함으로 첫째에게 주로 맞춰 주다 보니, 둘째가 배고파 해도 바로 먹이지 못하고 보채고 칭얼대도 충분히 안아 주지 못했습니다. 어떤 날은 수유할 때만 안아 준 날도 있었습니다. 그래서인지 기질인 것인지, 둘째는 유난히 제게 안아 달라고 매달렸습니다. 가족 중 유독 제게만 붙어 있으려고 하는 아이를 보며 충분한 애착 형성이 안 된 것 같아 걱정이 되었습니다.

왜 둘째는 유독 그럴까 싶어 고민이 되던 참에 애착에 대한 육아 강의를 듣게 되었습니다. 강의를 해주신 박은정 교수님은 "애착은 영어로 'attachment'라고 하는데 부착되어 있다는 뜻으로 엄마와 아이가 붙어 있어야 애착이 형성된다."고 하셨습니다. 그리고 "아이가 계속해서 보채고, 울고, 엄마에게 안아 달라고 떼를 쓰는 것이 엄마 입장에서는 힘들 수 있지만 생각을 전환해서 '아이가 지금 나와 애착을 더 잘 형성하려고 하는구나. 지금이 바로 애착 형성을 더 잘 할 수 있는 기회구나'라고 생각하라."고 하셨습니다.

그 말을 듣는 순간 제게 매달리던 둘째가 떠오르면서 '이 아이가 평생을 살면서 사람을 상대하고 살아갈 힘을 내게서 얻으려고 하는구나. 지금이 애착 형성의 기회구나!'라는 생각이 들더군요. 이후로는 둘째 아이가 눈에 보일 때마다 매 순간 바라보고 안아 주지 못한 것을 만회하겠다는 듯이, 저의 사랑이 충만하게 전달되기를 바라며 아주 꼭 껴안고 뽀뽀를 퍼부어 주었습니다.

뇌의 변연계가 발달할 때 아이가 보이는 행동이 애착을 형성하려 할 때처럼 붙어 있으려고 하고, 자기를 안 보고 다른 것을 하면 짜증을 내거나 쫓아다니는 것이라고 하더군요. 저는 저희 아이들이 대단한 부자가 되거나, 사회 지도층이 되길 기대하진 않습니다. 그것은 후에 아이의 역량이 된다면 충분히 해낼 일들이니까요. 다만 아이가 정서적으로 굶주리지 않길 바라고, 스스로를 존중하고 남을 존중할 수 있는 사람이 되길 바라며, 행복과 슬픔을 느낄 수 있고 그것을 남에게도 적용할 수 있는 사람이 되길 기도합니다. 그리고 좌절을 만났을 때 바닥을 딛고 일어설 수 있는 단단한 마음이 만들어지길 기도하지요.

그것들을 이루기 위해서는 본능과 감정, 사회적 상호작용에 영향을 미치는 뇌 발달이 중요할 것입니다. 그 발달의 기반이 바로 제가 집에서 아이와 보내는 수많은 시간을 통해 다져지고 있다고 생각합니다. 우리가 사랑해 주고, 존중하고, 또 격려해 주면 그 기반을 탄탄하게 쌓을 수 있을 것이라고 믿습니다.

육아에
정답이 있나요?

오은영 박사님이 나오는 〈금쪽 수업〉이라는 프로그램에서 배우 이윤지 님의 이야기를 보며 굉장히 공감을 한 일이 있었습니다. 그분은 어린 시절 환경 때문에 생긴 타인을 배려하고 스스로의 감정을 억압하는 자신의 모습을 자녀가 닮지 않길 바랐다고 합니다. 그런데 전혀 다른 환경에서, 다른 양육 방법으로 육아를 하는데도 자신의 모습을 꼭 닮은 자녀를 보게 되었다고 했습니다. 그래서 어쩌면 자신의 모습이 자신의 환경과 상황에서 체득된 것이 아니라 자신의 기질이었던 것은 아닐까 하고 생각하게 되었다고 했지요.

사실 저도 똑같은 고민을 한 적이 있었습니다. 가끔은 저보다 타인의 감정에 집중하는 부분, 다른 사람과의 논쟁이나 마찰을 피하기 위해 손해를 감수하는 부분들은 제발 제 아이가 닮지 않았으면 했습니다. 그런데 첫째 아이에게서 그런 모습을 발견했을 때는 잠을 못

이룰 정도로 속이 상하더군요. 저도 제 성격이 엄마의 양육 방법과 제 환경 때문이라고 생각했었는데, 그 프로그램을 본 이후로 그게 내 기질이었던 건가 하는 생각이 들었습니다. 그 순간 아이가 돌이 지났을 무렵에 육아 교실에서 만났던 한 육아 선배님의 이야기가 떠올랐습니다.

아이와 너무 맞지 않고, 육아가 너무나 어려워서 오은영 박사님을 찾아갔었다는 이야기였지요. 아이가 엄마를 무시하는 것 같고, 예민하게 반응을 해서 힘들었다고 했습니다. 상담 결과 아이는 무척 까다로운 기질의 아이인데 엄마는 너무나 무던한 사람이라 아이는 엄마가 답답하고, 엄마는 아이가 버거운 것이라고 했다고 합니다. 다행히 기질이 비슷하여 특별히 아이가 버겁다고 느껴 보지 못했던 제게 당시 그 이야기는 꽤 충격적이었습니다. 그저 열심히 아이를 사랑해 주기만 하면 된다고 생각했는데 엄마 기준의 최선이 아이에게는 최선이 아닐 수 있다는 사실이 무척 안타까웠습니다.

기질은 아이가 가지고 태어나는 생물학적 특성을 말합니다. 이 특성은 아이가 세상의 자극을 받아들이는 방식에 따라 세 가지로 구분이 됩니다.

신의진 박사님의 『아이 심리 백과』(갤리온)라는 책에 의하면 환경적인 자극이나 외부 자극을 쉽고 편안하게 받아들여서 아이도 부모도 크게 힘들지 않은 '순한 기질', 이와 반대로 민감하고 예민하여 자극이나 변화를 쉽게 받아들이지 못하는 '까다로운 기질', 자극에 천천

- 간호사맘의 실전육아법 -

히 적응해서 느리게 배우고 받아들이는 '느린 기질'이 있습니다. 여기서 변화는 낯선 환경이나 사람, 상황을 모두 포함합니다.

순한 기질의 아이는 영유아기 동안 몸의 리듬이 규칙적이고, 잠자고 먹는 것이 순조롭고, 행복하고 즐거운 감정 표현을 많이 합니다. 까다로운 기질의 아이는 영유아기 동안 몸의 리듬이 불규칙하고 쉽게 만족할 줄 모르며, 칭얼대거나 짜증 내는 방식으로 부정적인 감정 표현을 많이 합니다. 환경 변화에 민감해서 적응하는 데 많은 시간이 걸리고 좋고 싫음이 명확합니다. 느린 기질의 아이는 몸의 리듬이 규칙적이고 주로 긍정적인 감정 표현을 하지만, 이런 표현을 하기까지 시간이 걸립니다. 그리고 순한 면은 있지만 새로운 환경에 움츠러들고 적응 기간이 긴 것이 특징이지요.

그런데 순한 기질의 아이가 그렇지 않은 아이와 함께 자라면 상대적으로 부모의 관심을 덜 받게 되어 스트레스 요인이 될 수 있고 심하면 문제 행동을 보일 수도 있습니다. 그래서 부모가 순한 기질의 아이에게도 관심을 갖고 친밀감을 높일 시간을 계속해서 가져야 한다고 해요. 그리고 까다로운 기질의 아이를 부모에게 맞추려고만 들면 문제 행동을 보일 수 있기 때문에 인내심을 갖고 꾸준히 지도해야 합니다. 또 느린 기질의 아이는 뭐든 늦게 익히기 때문에 부모가 성급하게 굴지 않고 기다려 줘야 하고요.

이렇게 부모의 양육 방식이 아이에게 막대한 영향을 주기 때문에 아이의 기질에 맞춰 양육을 하는 것이 중요합니다.

아이 모두에게 적용되는 온전한 '정답'은 없지만 다행히도 아이를 잘 관찰해 보면 '해답'은 찾을 수가 있을 것 같습니다. 아이가 어떤 기질을 갖고 있고, 어떤 것을 좋아하고 불편해하는지 성향이 보이기 때문입니다. 그리고 요즘은 여러 센터를 통해 아이의 기질 검사와 부모의 양육 태도 검사를 받을 수 있는 방법이 많습니다. 아이에게 더 적절한 훈육법, 교육법을 코칭받을 수도 있지요. 이렇게 아이를 타인으로 인정하고 그 기질을 인정하고 살아갈 수 있다면 현명하게 육아를 해낼 수 있겠다는 생각이 들더군요.

그리고 아이는 제가 아니니 언제나 제가 최선이라 생각한 것이 아이에는 그렇지 않을 수도 있음을 받아들이려 합니다. 그런 다짐을 했어도 아이의 이해할 수 없는 짜증에 지친 날이면 "그래 너는 그렇구나." 하고 한 발 떨어져 봅니다. 그리고 가수 윤하의 〈기다리다〉라는 노래의 가사인 '그대는 내가 아니니, 내 맘 같을 순 없겠죠'를 떠올립니다. 제 모든 인간관계에 도움을 주는 구절이지요. 아이는 제가 아니니 제 생각과 성향에 꼭 맞진 않겠지만, 저는 아이를 보호하고 길러 주는 양육자로서 아이의 기질과 성향을 잘 이해해서 존중해야겠다고 다짐합니다. 이 다음에 언젠가 제 아이가 "엄마가 이렇게 가르쳐서 내가 이렇게 됐잖아요."라고 할 때 저희 엄마처럼 "그래 미안하다. 그게 내 최선이었는데 네가 힘들었으면 엄마가 잘못했네." 하고 말해야겠다 생각하면서요.

저 아이랑 집중해서 노는데요?

첫째는 일찍이 혼자서도 잘 노는 아이였습니다. 꼭 제가 함께 놀아 주지 않아도 스스로 집에 있는 사물을 만지고 눌러 보며 탐구하는 것을 좋아했습니다. 집에 장난감을 거의 두지 않았기 때문에 집에 있는 모든 사물이 아이에게는 장난감이었습니다. 아이가 혼자 놀고 있을 때면 저는 옆에서 아이를 지켜보며 말을 걸거나 아이의 놀이를 해설해 주곤 했습니다.

아이가 10개월을 넘어섰을 때였습니다. 위험한 것들만 미리 치워 놓으면 아이가 알아서 탐구하며 시간을 보내니, 저는 아이가 잘 놀 때 제 할 일을 해야겠다고 생각했습니다. 마침 이유식에 열을 올리던 때라 아이가 노는 걸 지켜보며 육수를 내고 이유식을 만들거나 살림을 하고, 책을 보기도 했습니다. 그것도 나름 괜찮았습니다. 아이는 저를 따라 책을 넘기며 놀았고, 수건을 보면 바닥을 닦는 시늉을 하기도 했으니까요.

그런데 어느 날부터 갑자기 혼자 놀다가 짜증을 내며 자신의 머리를 손으로 쥐어뜯고, 앉은 채로 바닥에 머리를 쿵쿵 찧기도 했습니다. 그때 그 모습이 얼마나 충격적이던지, "어머, 왜 그래? 하지 마." 하고 말려 보기도 하고, "아야 하잖아. 그만." 하며 머리가 아프지 않게 바닥을 손으로 막았습니다. 하지만 말리면 그때뿐, 놀이가 뜻대로 되지 않거나 뭔가 불만족스러우면 짜증을 내는 듯하더니 자기를 때리고 머리를 박는 행동을 했지요. 저는 정말 혼란스러웠습니다. 가족 중 누구도 폭력적이고 난폭한 언행을 하는 일이 없었기 때문에 도대체 어디서 그런 걸 보고 배웠는지 알 수가 없었습니다.

혹시 저한테 있는 자책하는 성향이 유전되어 아이가 스스로 자학하는 건가 하는 두려움도 생겼습니다. 하지만 어린아이를 말로 설득하거나 통제할 재간은 제게 없었습니다. 저는 시간이 지나면 그만두겠지 하는 마음으로 기다려 보기로 했지만, 어린아이가 뜻대로 되지 않을 때 자신을 학대하는 듯한 모습을 두고 보기란 여간 괴로운 일이 아니었습니다.

그러던 중 박은정 교수님의 애착에 대한 강의를 듣다 아이의 이상 행동이 떠오른 저는 교수님을 찾아가 아이의 상황을 이야기했습니다. 살면서 본 적이 없을 정도로 순한 아이인데 10개월 들어서면서부터 놀이를 하다가 뜻대로 되지 않으면 머리를 땅에 박거나 쥐어뜯는 자해 행동을 한다고 말했습니다. 제 말을 가만히 경청하시던 교수님께서는 "아이랑 집중해서 놀아 줘 보세요."라고 해답을 줬습니다. 저는 조금 당황스러웠습니다. 집안일을 하는 시간 외에는 아이와 집중해서 놀아 주는 편이라고 생각했기 때문입니다.

"저 아이랑 집중해서 노는데요, 교수님?"

조금 억울한 듯한 제 말에 교수님은 빙긋이 웃으며 다시 한 번 대답했습니다.

"엄마 입장에서 말고, 아이 입장에서 온전히 아이에게만 집중해서 30분 이상 놀아 주세요."

온화하지만 단호한 대답에 더 이상 할 말을 잃은 저는 "네." 하고 대답했습니다. 집으로 돌아오는 내내 생각했지만 정말로 이해할 수가 없었지요. 아이와 제대로 놀아 주지 않는 엄마가 된 것 같은 억울함도 들었습니다.

하지만 그게 전문가의 답이라면 한번 해보기라도 하자는 마음으로 아이가 혼자 물건을 탐구할 때도, 기어 다니며 이것저것 저지레를 할 때도, 뒤가 아닌 옆이나 앞에서 지켜보며 말을 걸기도 하고, 추임새를 넣어 가며 눈이 마주치면 웃고 함께 놀았습니다. 신기하게도 그날 아이는 이상행동을 하지 않았습니다. 그렇게 이틀, 사흘이 지나 한 달이 되도록 아이는 한 번도 스스로를 때리는 행동을 보이지 않았습니다. 그제야 저는 그게 우연이 아님을 알았습니다. 제가 '집중'해서 아이와 놀아 주면서부터 우려했던 행동이 보이지 않게 되었음을 인정할 수밖에 없었습니다.

그리고 2년 뒤 상담을 해주셨던 교수님의 강의를 다시 듣게 되면서 그 이유에 대해 여쭤볼 수 있었습니다. 그랬더니 "아이에게는 놀이가 생활이고 치유 도구인데, 아이가 가장 원하고 좋아하는 놀이에서 충분한 만족을 얻었기 때문에 다른 부정적인 행동이 소거된 것"이라는 답을 주셨습니다.

사실 놀이의 힘은 진즉부터 알고 있었습니다. '유아교육의 아버지'라 불리는 교육학자 프뢰벨은 놀이를 유아의 내적인 자기표현이라고 하며 유아들이 충분히 놀아야 함을 강조했습니다. 꼭 프뢰벨의 말을 빌리지 않아도 놀이를 통해 아이는 정서를 순화하고, 사물과 사회를 인식하고 학습한다는 것을 여러 교육을 통해 알고 있었습니다. 아이가 원하는 놀이를 자유롭게 할 수 있도록 도와주고, 가능하면 놀이를 아이가 주도하도록 하였습니다. 제가 놀이를 끌어가지 않으려고 노력했습니다. 그래서 처음 이상행동을 보였을 때도 아이가 혼자서 잘 노니 괜찮을 거라 생각했습니다. 그 안에서 불만족이 생길 수 있다는 생각은 전혀 하지 못했던 것이지요. 그리고 그 마음을 과격한 방법으로 표현할 거라고도 생각하지 못했습니다.

『아이 심리 백과』를 보면 돌 전의 이런 행동은 자해가 아니라 부정적인 감정을 자기 스스로 조절할 능력이 없어 나타나는 행동이라고 합니다. 신체 발달로 젖을 뗄 시기가 오는 것처럼 감정 발달에도 부정적인 기분을 표현하는 시기가 오는데, 이렇게 과격하게 싫다는 감정을 표현하면 감정을 조절하는 법을 배울 시기가 되었다는 뜻이라는 거지요. 하지만 그런 행동을 할 때 그저 보고만 있을 수는 없으니 적절한 도움이 필요합니다. 그런데 너무나 다행히 아이들은 놀이로 부정적 감정을 해소할 수 있다는 것이었습니다. 학술 잡지《육아지원연구》에 실린「부모의 놀이 신념, 놀이 참여, 유아의 행복감 간의 관계」(이현지, 정혜욱 지음, 2016)를 보면 만 5세 유아를 둔 107가구를 대상으로 한 연구 결과 부모의 놀이 참여가 유아의 행복감에 영향을 미친다고 합니다.

결국 아이는 엄마와 교감하며 놀이를 하고 싶었는데 제가 그 욕구를 충족해 주지 못했나 하는 반성이 되더군요. 같이 있었지만, 함께 놀아 주고 있지 못했던 것이지요.

원더윅스를 알 필요가 없는 원더풀한 육아법

아이를 임신한 뒤 맘카페에 처음 가입하고서 알게 된 '원더윅스 (Wonder weeks)'라는 개념은 이전까지는 몰랐던 새로운 것이었습니다. 네덜란드 학자가 아이들의 발달에 대해 연구하며 발표한 내용이 었는데요. 출생한 후 20개월까지 특정한 주 수마다 특정한 정서적 영역이 성장한다는 것이었습니다. 즉 아이가 태어나서 생후 20개월 이 될 때까지 모두 열 번의 정신적 급성장기, 도약기가 오는데 그 시 기에는 아이들이 특징적으로 울고 떼를 쓰며 보채서 엄마들을 힘들 게 한다고 합니다. 하지만 그 주 수에 반드시 그런 것은 아니고 아이 마다 차이가 있다고 하였지요.

사실 저는 원더윅스를 크게 중요하게 생각하지 않았습니다. 원더 윅스는 의학 용어가 아닐뿐더러, 아동 발달에서 꼭 배우는 피아제, 에 릭슨 같은 학자들의 이론처럼 오래된 개념도 아니고, 아주 다양한 연 구를 거쳐 완전히 정립된 이론도 아니라고 생각했기 때문입니다. 개인적으로 아이들을 대상으로 한 이론들이 완전히 신뢰성을 갖기까지는 아주 많은 실험과 오랜 연구가 이어져야 한다고 생각하기 때문에 그런 개념이 있다는 것은 알더라도 크게 신경을 쓰진 않았습니다. 그런데 이 이론 때문에 해당 주 수에 아이가 보채지 않으면 불안해하는 엄마들이 있다는 말을 들었습니다. 아이가 이 시기에 정서적으로 성장하려면 보채야 하는데 그렇지 않아 걱정이 된다는 것이었습니다. 언젠가 한 정신의학과 박사님께서 "육아는 아는 게 약이 아니라 모르는 게 약이다."라고 하셨는데 그게 무슨 말인지 알겠더군요.

그런데 원더윅스가 중요하지 않다고 생각하는 저는 오히려 원더윅스 덕분에 육아가 무척 수월했습니다. 기저귀도, 배고픔도, 졸림도 아닌데 지속해서 보챌 때면 '오, 아이가 정신적으로 급성장하고 있는 중인가 보네!' 하고 생각하면 큰 위로가 되었기 때문입니다. 또 제가 아이의 정서적 성장을 돕고 있다는 사실을 실시간으로 느낄 수도 있었습니다.

원더윅스가 아니더라도 울고 보채는 아이를 수용하고 안아 주는 것은 대단히 중요합니다. 애착 관계에서도 이야기하였지만, 양육자와의 교감과 접촉이 아이의 정서적 안정과 발달에 큰 영향을 미치기 때문이지요.

제가 아이의 울음과 짜증에 과민하게 반응하거나 분노하지 않을 수 있었던 것은 제가 타고난 성품이 차분하거나 남보다 뛰어난 모성

애, 인내심이 있어서가 아니었습니다. 다만 제가 간호사였던 것이 조금은 도움이 되었지요. 저는 병원에서 일명 '환타(환자를 탄다)'라고 불리는 일복 많은 간호사 중 한 명이었습니다. 게다가 상대하기 까다로운 환자나 예민한 고객들이 좋아하는 간호사 중 한 명이어서 업무를 하면 정신적·육체적으로 많이 소진되곤 했었지요. 다양한 성향의 11~13명 환자를 혼자 돌봐야 했던 업무와 비교하면 특징이 뚜렷한 아이 한 명을 돌보는 일은 너무나 평안하고 감사한 일이었습니다.

물론 아이는 뭔가를 끊임없이 제게 요구했고, 잠을 참느라고 짜증을 부렸고, 언제나 제게 꼭 붙어 있으려 하긴 했지만요. 다행히도 저는 아이를 돌본다는 것에 대한 '로망'이 없었기 때문에 그 시간이 버겁지 않았습니다. 병원에서 만나는 소아 환자는 아프고 무서우니 울고 화내고 떼를 쓸 수밖에 없습니다. 조카가 태어나기 전까지 아픈 아이들만 만날 수 있었던 저는 아이를 낳기 전부터 내 아이가 방긋방긋 잘 웃고, 잘 자고, 잘 먹어 줄 거라는 기대 자체가 없었습니다. 육아가 얼마나 험난한 길인지, 아이가 얼마나 까다로운 존재인지 많이 봐왔기 때문에 각오가 단단히 서 있었달까요?

오히려 아이가 제 생각보다 순해서, 다행히 아이와 제가 애착이 잘 형성되어 있어서 저의 육아는 늘 제 기대보다 평안했습니다. 그렇다 해도 육아와 살림에 지치지 않는 건 아니었습니다. 다만 밤새 울어 목이 쉰 아이를 보며 속이 답답한 밤에도 '이 아이가 불안하고 두렵고, 내가 필요하구나. 지금 자라고 있는 중이구나.' 하며 따뜻하

- 간호사맘의 실전육아법 -

게 안아서 다독일 수 있었습니다. 아이에게 나지막이 "괜찮아. 엄마가 옆에 있어. 계속 옆에 있을 거야. 걱정 말고 자. 자도 돼. 괜찮아."라고 계속 들려주다 보면, 어느새 아이는 울음을 그치고 새근새근 잠이 들더군요. 그렇게 저는 원더윅스가 언제 왔다 갔는지도 모르게 그 시기를 날 수 있었습니다.

십수 년 전 한 이동 통신사가 'Life is wonder full'이라는 광고 문구를 사용한 적이 있었습니다. 첨단 기능을 통해 고객의 삶을 놀라움과 이로움으로 가득하게 해주겠다는 의미였지요. 당시 갓 스무 살이 되었던 저는 그 문구가 너무나 인상적이어서 제 미니홈피 메인 제목으로 한참 걸어 두었습니다. 놀라움이 가득한 인생이라니, 생각만 해도 설레더군요. 어쩌면 원더윅스의 이름이 다른 것이 아니라 wonder weeks인 것은 아이가 그 기간 동안 놀라움을 가득히 경험하며 성장하기 때문이 아닐까 생각합니다. 그 시기를 잘 건넌 아이는 엄마에게도 분명 wonderful한 시간을 가져다 줄 것이라 믿습니다.

부족하지만 풍성한 육아를
할 수 있었던 이유

　아이를 임신하고 출산을 했을 당시 저희 부부의 경제적 상황은 좋지 않았습니다. 프리랜서로 투잡을 하는 남편과 퇴사를 한 저의 수입은 적고 불규칙적이었지요. 하지만 나라에서 임신, 출산에 대해 어느 정도 지원해 주고 있었고, 개인적으로 아이를 키울 때 많은 비용이 들 거라고 생각하지 않아서 극심한 불안을 느끼긴 않았습니다. 그래서 경제적인 상황에 비해 평안하게 출산을 준비할 수 있었습니다. 그렇지만 막상 아이를 어디서 재워야 할지, 입을 옷은 다 사야 하는 것인지, 유모차는 어떻게 준비해야 할지 막막한 순간이 있었습니다. 그때마다 지인들이 꼭 사야 하는 것들을 중심으로 알려 주며, 많은 것들을 물려주었습니다. 그리고 너무나 감사하게도 두 살 많은 조카가 있어서 때마다 옷과 신발을 물려받을 수 있었지요.

　아이가 태어난 후 첫해 동안 경제적 상황이 달라지지 않았지만 저희는 부족한 돈 대신 함께 시간을 많이 보냈습니다. 당시 남편은 협

－ 간호사맘의 실전육아법 －

회 사무국장 일을 하면서 대학 강사 일도 했는데 일하는 시간 외의 모든 시간을 집에서 육아와 살림하는 데 할애했습니다. 그래서 저는 다른 엄마들에 비해 상대적으로 덜 지쳐 있었습니다. 덕분에 아이가 울고 보채도, 아이나 서로에게 짜증을 낼 일이 거의 없었습니다. 흔히 말하는 '국민 육아템'이 없어도 함께 육아하는 시간과 사랑이 풍족한 저희 부부에게는 별 문제가 없었습니다.

장난감이나 아이 물건이 많진 않아도 저희 부부는 아이에게 가장 좋은 장난감은 부모라고 생각했기에 충분하다고 여겼습니다. 아이의 몸을 마사지하고 말을 걸며 놀아 주었고, 일부러 일상의 물건들로 놀이를 하게끔 유도했습니다. 그리고 텔레비전을 들이지 않고 선물받거나 물려받은 책으로 아이를 끌어안고 책을 읽어 주며 놀았습니다. 날이 좋을 때면 동네 놀이터와 공원을 적극적으로 활용했고, 황사가 심하거나 날이 좋지 않은 때엔 지역에 있는 육아종합지원센터의 아이사랑놀이터를 이용했습니다.

물론 아이가 자라면서 선물받는 장난감이 생기다 보니 지금 둘째 아이는 언니에 비해 많은 장난감을 갖고 놀게 되었습니다. 지금은 텔레비전도 집에 있지요. 하지만 첫째를 키울 때 아이의 자기조절능력과 참을성을 보고 여러 차례 놀랐던 저는 그런 것이 없던 때로 돌아가고 싶다는 생각을 하곤 했답니다.

사실 텔레비전이나 특별한 장난감 없이 자연 속에서 자란 제 유년 시절이 무척 행복했기에 제 아이도 특별한 교구나 장난감 없이도 잘 자랄 거라고 믿었습니다. 그런데 나중에 《열린부모교육연구》 학술지에 기재된 「비구조적 놀잇감을 활용한 구성 놀이가 유아의 놀이성과 창의성에 미치는 영향」(김지윤, 장영숙 지음, 2015)이라는 연구를 볼 기회가 있었습니다. 비구조적 놀잇감이 아이의 자발성과 표현력, 창의성, 유머 감각 발달 등에 긍정적인 영향을 미친다는 내용이었지요. 이 연구 외에도 자연물이나 비구조적 놀잇감이 창의력과 정서, 자기조절능력에 미치는 긍정적 영향에 대한 연구들은 쉽게 찾아볼 수 있습니다.

출산과 육아를 하면서 엄청나게 많은 정보와 광고를 접하게 됩니다. 제가 그것들을 접할 때마다 아이에게 좋다는 것들을 다 사야 한다고 생각했다면 얼마나 힘들고 스트레스를 받았을까 생각합니다.

SNS가 발달하고, 모두가 타인의 정보를 접하기 쉬운 세상에서 '내게 필요한 정도만 갖춘다'는 것은 오히려 용기가 필요한 일이었습니다. 소신 있게 덜 소유하는 것을 '무지해서 소유하지 못한 것'이라 판단하고 '가르쳐 주려' 하는 사람들도 있었습니다. 그럼에도 평안하게 우리만의 방식으로 나아갈 수 있었던 것은 저희의 '육아관' 때문이었습니다. 저희는 무엇보다 애정의 경험이 충만한 아이로 키우고 싶었습니다. 아이가 가정 안에서 안정감을 느끼고 사랑받으며 자라나는 것이 중요하다고 생각했기 때문입니다.

그것은 돈이 조금 부족해도, 유명한 육아템이 없어도 가능한 것이

— 간호사맘의 실전육아법 —

었지요. 물론 좋은 육아템이 많이 나오고, 또 그것을 사용하며 실제로 부모들의 만족도가 굉장히 높다는 것을 알고 있습니다. 하지만 저는 전업 맘이니까 제가 직장에서 최선을 다해 일했던 것처럼, 제가 집에서 아이를 돌볼 때에도 최선을 다하고 싶은 마음이 마침 꽤 넉넉하지 않은 형편과 맞물려 '부족하지만 풍성한 육아'를 할 수 있게 했습니다. 그리고 그 방법은 제게 무척 잘 맞았고 만족스러웠습니다.

그 시간을 통해 저희는 가정에 아주 중요한 기반을 쌓을 수 있었습니다. 환경이 넉넉하지 않을 때도 서로에 대한 충만한 마음과 풍성한 기억들 말입니다. 그래서 지금은 그때보다는 조금 더 부자가 된 기분입니다. 부부가 함께 아이와 보낸 많은 시간과 주고받은 마음이 든든하게 쌓여 있으니까요.

아이에게
심부름을 시키나요?

　저는 어릴 때 심부름하는 것을 무척 좋아하는 아이였습니다. 친척들까지 3대가 한동네에 살았을 때는 어른들이 방 너머에서 제 이름을 부르면 어떤 심부름을 시킬까 두근거리기까지 했습니다. 심부름을 하고 나면 제가 능력 있는 사람이 된 것 같았고, 어른들의 칭찬이 저를 인정해 주는 말 같아서 기분이 아주 좋았습니다. 그래서 심부름 내용을 틀리지 않으려고 귀를 쫑긋 세우고 집중해서 들었습니다. 그러다 심부름하기 귀찮아지는 나이가 된 뒤로는 어릴 때 유난히 심부름을 좋아했던 것이 타인에게 인정받고 싶은 욕구에서 비롯된 것이 아닐까 하고 생각하며 씁쓸해했던 적도 있었습니다. 하지만 누구에게나 인정욕구는 있고, 인정욕구를 충족해 나가면서 꽤 자존감도 높아졌으니 괜찮은 게 아닌가 하고 좋게 받아들였습니다.

　그런데 제가 아이를 낳아 길러 보니, 아이의 기쁨과 교육을 위해 심부름을 시키게 되더군요.

- 간호사맘의 실전육아법 -

걸음마를 시작할 무렵, 기저귀를 쓰레기통에 버리는 저를 본 아이가 기저귀를 갈고 나면 그것을 주워서 쓰레기통에 넣는 것을 보게 되었습니다. 그래서 아이가 얼마나 말을 이해하는지 확인할 겸, 반응이 궁금하기도 해서 아이에게 한번 시켜 보았습니다. 기저귀를 갈고 나서 "자, 이제 기저귀 쓰레기통에 버리고 오세요." 하고 손에 쥐어 주니 잠깐 머뭇거리다 쓰레기통에 쏙 넣고 오더군요. "와, 이제 다 컸네! 기저귀도 스스로 버리고. 고마워." 하고 놀라며 안아 주니 아이는 활짝 웃으며 좋아했습니다. 이후로는 스스로 기저귀를 가지고 오거나 버렸습니다. 그 일을 시작으로 심부름의 세계가 열리게 되었습니다.

갠 빨래를 아이의 팔에 안겨 준 뒤 제가 안아서 서랍장을 열면 그곳에 넣기, 엄마와 함께 바닥에 흘린 것 닦기, 과자를 아빠나 다른 어른께 가져다 드리기 등 간단한 심부름이었습니다. 그리고 개월 수가 늘어갈수록 다른 방에 있는 사람에게 물건 전달하기, 식사를 알리거나 깨우는 말 등을 전달하기, 식사를 끝낸 후 먹은 식기는 싱크대에 넣기, 식탁에 수저 놓기, 장난감이나 책, 빨래 정리하기도 했지요.

아이가 말이 조금 빠른 편이라 일찍 심부름을 시작하긴 했지만, 심부름은 생각보다 장점이 많았습니다. 아이는 심부름을 하기 위해 타인의 말에 경청하는 법을 연습할 수 있었고, 언어를 이해하고 구사하는 능력이 점점 좋아지는 것이 느껴졌습니다. 엄마가 하는 일을 함께하니 애착 관계 역시 끈끈해지는 기분이더군요. 게다가 심부름을 수행했을 때 그 뿌듯해하는 표정을 보면 확실히 자존감이 올라가는 것 같았습니다.

이런 심부름의 장점은 2021년 1월 미국의 심리학 전문지《싸이콜로지 투데이》에 실린 콩코디아 대학의 심리학 명예교수인 데이비드 J. 브레데호프트 박사의 기사를 통해서도 확인할 수 있었습니다.★ 그는 미국에서 시행된 여러 연구를 통해 어린 나이에 집안일에 참여시키면 자녀들에게 책임감, 자립심, 자신감과 자존감을 길러 줄 수 있다고 했습니다. 나아가 타인에 대한 공감능력과 자기만족도, 자기효능감을 높이며 친사회적인 행동, 학교생활, 삶의 기술과 일하는 방법에까지 긍정적인 영향을 미친다고 했습니다.

그리고 그가 1998년 시행한 '과잉양육의 효과'에 대한 연구 결과도 함께 이야기했는데요. 과잉양육은 부모가 아이의 할 일을 대신해 주고, 너무 많은 특권을 허용하고, 항상 즐거웠는지를 확인하고, 좌절과 스트레스와 불안으로부터 격리시키려는 방식으로 나타나는데, 이것은 자녀들에게 삶의 기술을 배울 기회를 놓치게 하고, 아이의 의사소통, 대인관계능력, 의사결정 및 시간관리능력의 발달을 저해한다고 했지요. 이렇게 자란 어린이들은 어른의 책임을 어떻게 떠맡아야 할지 모를 수 있고 임무를 완수하기 위해 다른 사람에게 의존한다고 말했습니다.

★ 〈Zero Chores During a Pandemic Will Spoil Your Children〉,《Phycology Today》, 2021

이렇게 많은 연구를 통해 검증된 '심부름의 효과'는 이미 잘 알려져 있어서 어린이집에서 간단한 심부름 숙제를 내주기도 하고, 육아 리얼리티 프로그램에서 아이에게 심부름을 시키는 플롯이 빠지지 않고 나오지요.

　그런데 심부름을 시킬 때에도 방법이 있다고 합니다.★
　너무 어려운 수행 과제를 계속해서 주면 실패의 경험이 쌓여 자존감이 떨어지게 되니 아이의 나이에 맞는, 마땅히 잘 해낼 수 있는 일들을 부탁하는 것이 중요하다고 해요. 그러려면 먼저 부모가 아이를 잘 관찰해서 어느 정도의 수행 능력을 갖고 있는지를 파악하고 있어야 합니다. 그리고 아이가 심부름을 하기 적절한 타이밍에 시켜야 합니다. 자신의 놀이에 몰두해 있거나 졸릴 때에 심부름을 시키는 것은 적절하지 않지요.
　아이가 혼자 집안일을 하는 느낌이 들지 않도록 가족 구성원이 함께 집안일에 동참하는 것도 중요합니다. 무엇보다 중요한 점은 아이가 심부름을 해내지 못했을 때 실망하는 기색이나 비난하고 혼내는 말을 해서는 안 된다는 것입니다. 아이에게 집안일과 심부름을 즐거운 경험으로 만들어 주기 위해서지요.
　그리고 아이가 해내면 "잘했어!" 하는 칭찬도 좋지만, 가장 좋은

★ 「Chores: How to involve children」, Bright Horizons Education Team, Bright Horizons, 2020

말은 "고마워."라는 인사입니다. "네가 이것을 도와줘서 엄마가 무척 수월했어." "네가 아빠를 깨워 줘서 엄마가 요리를 더 잘 만들 수 있었어." 같은 칭찬을 하면 아이는 누군가에게 도움이 되었다는 기쁨을 느낄 수 있다는 거지요.

세상은 험하고 아이는 귀해서, 집에서 뭐든 다 해주고, 챙겨 주는 것이 어쩌면 몸만 자라고 마음과 습관은 자라지 않는 아이로 만들고 있는 게 아닌가 하는 생각을 합니다. 어쩌면 우리는 미숙한 아이가 해내는 것을 기다리고, 실패로 어질러진 것을 기꺼이 치울 여유가 없는 것일지도 모르지요. 하지만 저도 집안일의 긍정적 효과를 알고 나서부터는 일부러 더욱 심부름을 시키려 노력하고 있습니다.

그래서 저는 오늘도 아이에게 식탁의 수저를 놔달라는 부탁을 했네요. 부탁은 "밥 한 숟가락만 더 먹어." 하는 게 아니고 이런 때 하는 것인가 봅니다.

- 간호사맘의 실전육아법 -

집에서 정성껏 애를
키우는 삶은 무의미한가요?

제가 병원을 그만두고 아이를 키울 수 있었던 데에는 결정적 이유가 세 가지 있습니다. 하나는 제가 근무하던 자리가 경력을 쌓아 두면 좋은 자리긴 했지만 당시 야근이 잦고 많이 지쳐 있었다는 것이었고, 두 번째는 제가 간호사라서 언제든 원하면 (꼭 좋은 직장이 아니라 해도) 취업의 문이 열려 있다는 점이었고, 마지막 하나는 제가 집순이라는 점이었지요. 제 삶의 가치가 대단한 재력이나, 좋은 직장에 있지 않다는 것도 한몫했지만요.

저는 집에서 아무것도 안 해도 행복하고, 며칠을 나가지 않아도 전혀 스트레스받지 않는 사람이라 집에서 아이와 지지고 볶는 것만으로도 꽉 찬 하루를 보낼 수 있었습니다. 친정 엄마와 남편의 도움이 있기도 했지만 혼자서도 꽤 잘 지내는 성향 탓에 종일 집에서 사랑하는 아이를 돌보는 것은 그리 힘든 일이 아니었습니다. 가끔 번아웃이 오기도 했지만, 직장생활을 할 때보다는 덜했습니다.

첫아이가 15개월쯤 되었을 때 저와 아이를 보러 멀리서 와준 친한 언니가 언제 다시 일을 할 거냐며 "집에서 애만 보면, 네 인생이 없잖아."라고 걱정을 해준 일이 있었습니다. 당시 언니는 싱글이었는데 언니의 염려를 알 것 같으면서도 크게 와닿지 않았습니다. 왜냐하면 간호사는 늘 부족해서 언제든 일을 시작할 수 있다고 생각했고, 저는 5년 뒤, 10년 뒤에 일해도 그 일이 그 일이겠지만, 아이에게 5년, 10년은 다시 돌아올 수 없는 시간이라고 생각했기 때문입니다. 그래서 저는 그런 걱정을 들을 때면 늘 "이게 내 적성인가 봐. 나는 병원 일보다 집에서 애 보는 게 훨씬 더 행복해."라고 대답하곤 했습니다.

사실 저는 인생에서 버릴 시간은 없다고 생각합니다. 내가 그 시간을 잘 보낸다면 차곡차곡 쌓여 더 멋진 내가 될 거라는 믿음이 있었습니다. 그래서 집에서 애만 본다고 제 인생이 없어진다는 생각은 하지 않을 수 있었지요.

병원에서 일을 하다 보면 참 많은 인생을 만나게 됩니다. 일찍 좋은 곳에 취직해서 가정을 부양하다 30대 초반에 난소암에 걸렸던 얼굴도 마음도 아름다웠던 환자의 인생, 멋진 외모에 모두가 부러워하는 좋은 조건을 두루 갖추었지만, 휴가 중 사고로 신체에 마비가 와서 주기적으로 욕창 치료를 받으러 와야 했던 30대 초반 환자의 인생……

그들이 병원에서 보낸 시간도 그들의 삶의 일부이고, 그것을 극복한 후 맞이할 새로운 시작도 그들 삶의 연장선이지요. 저는 병원에서 일하며 언제 시작해도 늦은 시작은 없으며, 누구든 자신만의 인생 속도가 있다는 것을 배웠습니다.

그래서 사실 저는 되묻고 싶었습니다. 사회생활을 하지 않는 동안의 나는, 내 인생을 살지 않은 거냐고. 유년기, 청소년기, 대학 생활을 거쳐 간호사가 되기까지, 생산적인 사회생활을 하기 전에도 저는 제 인생을 살고 있었고, 그 모든 순간들이 지금의 저를 만들고 제가 성장하는 계기가 되어 주었는데 말입니다.

가끔 사람들은 남들의 속도에 맞춰 달리지 않으면 아무것도 해내고 있지 않은 것처럼 이야기할 때가 있습니다. 그런 말들에 제 인생을 측정하게 되면, 남들의 성공 기준에 미치지 못하는 저는 열심히 살지 않은 부족한 사람이 되어 버리곤 합니다. 저는 집에서 누구보다 치열하게 열심히 제 인생을 살아가고 있는데 말이지요.

그리고 정말 솔직히 고백하자면 저는 일을 하면서 아이에게 잘해 줄 자신이 없었습니다. 저는 일을 하면 굉장히 예민해지는 편이라서, 병원에서 에너지를 전부 소진하곤 합니다. 그러다 보니 집에 와서 부지런히 아이와 눈을 맞추고 놀아 줄 자신이 없었습니다. 물론 가까운 지인 중에는 오히려 밖에서 일을 해야 더 아이에게 다정해지고 잘해 주게 된다는 사람도 있습니다. 저는 그게 그 분의 적성이라고 생각합니다.

우리는 아이를 키울 때 아이의 적성, 기질에 맞게 키워야 한다는 말을 많이 듣습니다. 그런데 부모인 우리의 적성이나 기질은 크게 고려하지 않고 사는 것 같다는 생각이 많이 듭니다. 밖에서 일을 해야 활력이 생기는 사람이 집에서 육아만 도맡아 한다면, 자기 인생이 사라진 느낌, 아이를 위해 희생하는 느낌이 강하게 들 것입니다. 그러면 육아 스트레스가 엄청날 것이고, 그 스트레스는 아이에게 갈 확률이 높지요. 실제로 양육자의 육아 스트레스가 아이에게 정신적, 정서적, 사회적으로 나쁜 영향을 미친다는 연구는 굉장히 많습니다. 그래서 이런 경우 벌어오는 돈이 베이비시터에게 고스란히 나가더라도 엄마가 일하는 편이 아이와 엄마 모두에게 좋은 일이라고 생각합니다. 그걸로 아이에게 미안해하지 않아도 될 것입니다.

친한 언니의 걱정스러운 말을 들은 날, 제 나름의 소신으로 결정한 선택에 후회가 없음에도 심난한 기분이 들었습니다. 그러다 잠깐 집에 들르신 엄마가 한창 예쁜 짓을 하며 돌아다니는 딸아이를 보고 "아이고, 우리 손녀 진짜 예쁘다. 이렇게 이쁘게 잘 키우느라고 고생했다."고 하시는데, 눈물이 핑 돌았습니다. 시간을 그냥 흘려보낸 게 아니라 사랑스러운 아이를 열심히 키우고 있었다는 깨달음과 위로를 받았지요. 밖에 나가서 일하는 엄마도, 집에서 아이를 돌보는 엄마도 열심히 인생을 살고 있습니다. 각자의 시간 속에서 자신과 제 아이를 다듬어 가며, 더 좋은 어른, 더 좋은 사람이 되려 노력하며 살고 있습니다.

언젠가 보고 무릎을 쳤던 박카스 광고가 생각납니다. 육아 맘을 주제로 한 광고였는데, "태어나서 가장 많이 참고, 일하고, 배우며 해내고 있는데, 엄마라는 경력은 왜 스펙 한 줄 되지 않는 걸까?"라는 문구를 내세웠지요. 너무나 공감이 되면서도 한 줄 덧붙이고 싶은 말이 있었습니다. 제 경력은 고작 한 줄 스펙으로는 표현할 수가 없다는 것입니다. 제 경력과 시간은 오롯이 제 아이들의 몸과 마음에 차곡차곡 쌓이고 있으니까요.

기다림의
가치

　아이를 키워 보니 아이의 성장 발달이 책에서 말하는 시기마다 딱 맞춰 이루어지는 것이 아니라는 생각을 많이 했습니다. 우리가 살면서 취업하는 시기, 결혼하고 자녀를 낳는 시기가 모두 다른 것처럼 아이의 뒤집기, 걷기, 말하기……, 이 모든 것이 조금씩 빠르기도, 느리기도 합니다. 하지만 '일반적인 범주'가 정해져 있다 보니 부모는 마음이 조급해지는 것 같습니다. 저는 기저귀를 뗄 때가 그러했습니다.

　저는 급할 필요 없으니 아이가 준비되면 진행하자는 생각으로 육아에 임했습니다. 당연히 조급할 게 없었지요. 그런데 둘째를 임신하고 나니 큰아이의 배변 훈련이 절실하더군요. 20개월부터 유아용 미니 변기를 사두었지만, 아이에게 그건 요상한 소리가 나는 장난감일 뿐이었습니다. 그러던 어느 날, 기저귀를 갈기 싫다고 짜증 내며 도망다니는 아이에게 변기에 쉬를 하면 기저귀를 갈지 않아도 된다고 알려 주었습니다. 그러자 변기에 응가를 하겠다고 하는 것이었습니다. 그렇게 얼떨결에 첫 변기 사용에 성공했습니다. 하지만 그 이후로는 쭉 기저귀에 볼일을 보기에 저는 마음이 급해졌습니다.

그래서 하루는 아이에게 할 수 있다고 격려하며 팬티를 입혀 주었습니다. 아이는 조금 불안해하는 것 같았지만 언니라고 치켜세우며 팬티를 입히니 마지못해 입어 주더군요. 그런데 한 번도 배뇨 의사를 표현해 본 적이 없으니 아이는 소변을 참다가 실수를 하고 말았습니다. 아이에게는 그 사건이 꽤 충격이었는지 이후로는 아예 팬티를 입으려 하질 않았습니다.

지금까지의 배변 훈련이 수포로 돌아갈까 봐 기저귀를 입힌 채로 시간에 맞춰 변기에 앉혀 보려 했지만 그게 소변을 가리기 위한 것임을 알았는지 아이는 완강히 거부했습니다. 어릴 때 긴박뇨 같은 배뇨장애가 있었던 저는 아이를 압박하고 싶진 않았습니다. '이대로 시간을 조금 더 준대도 초등학교 때까지 소변을 못 가리진 않겠지.' 싶어 아이를 좀 더 내버려 두기로 했습니다.

그렇게 둘째가 태어나고 첫아이가 29개월이 되었을 무렵, 아이는 처음으로 어린이집 입소를 앞두고 있었습니다. 어린이집에 가기를 학수고대하고 있던 아이는 "어린이집에서 언니반 친구들은 변기에 앉아서 쉬한대."라는 말에 대소변을 가리는 연습을 하기 시작했고, 금세 소변을 가리더군요. '이렇게 금방 할 수 있는 거 였어?' 하는 마음이 들 정도였습니다.

그런데 대변은 반드시 기저귀를 착용하고 하길 원했습니다. 아이는 배변 욕구가 느껴지면 기저귀를 채워 달라고 했습니다. 마치 변의가 느껴지면 변기를 찾아가는 것과 비슷한 패턴이었지요. 저는 남편과 상의를 해서 여러 가지 방법을 시도해 보았습니다. 책을 좋아하는 아이에게 스스로 배변하는 내용의 동화책들을 읽어 주었고, 수많은 '응가 동요'를 찾아 들려주었습니다. 저희가 아이 변기에 앉아 쾌변하는 연기를 보여 주기도 했습니다. 그래도 아이는 전혀 변기에서 배변을 시도하지 않았습니다.

아이가 33개월이 넘어가던 어느 날 저는 문득 이유가 궁금해져 물었습니다. "왜 변기에는 응가하기 싫어?"라는 물음에 "변기에 하려고 앉았는데 못하면 어떡해."라고 대답하는 말을 듣고 무척 놀랐습니다. 감각이 불편하거나 방식이 낯설어서가 아니라 '실패가 두려워서'였다니. 아이의 입장에서 생각해 보니 무척 안쓰럽게 느껴졌습니다.

"못하면 어때 괜찮아~. 엄마도 어릴 땐 변기에 못하기도 했어. 팬티에다 하기도 했어."라고 말했지만 아이는 엄마가 그랬다 해도 본인은 절대 실패하고 싶지 않다는 듯이 단호한 표정을 지어 보였습니다. 결국 저는 욕심을 버리기로 했습니다.

"그래. 싫으면 지금 안 해도 돼. 그런데 네가 잊은 거 같아서 하나 말해 주자면 너는 이미 변기에 응가를 할 수 있는 애야. 네가 더 아기일 때 아침에 일어나서 변기에 응가 했잖아. 엄마는 네가 지금이 아니어도 언젠가 해낼 거라는 걸 알아."

아이는 제 얘기를 가만히 듣고 있더니 제가 둘째를 돌보는 사이에 아빠에게 가서 응가를 하겠다고 말했습니다.

남편이 변기를 가져다주고 아이를 앉혔더니 남편에게 자리를 비켜 달라 했다더군요. 남편이 자신에게서 멀어지자 아이는 배변에 성공했습니다.

사실 단유의 과정도 비슷했습니다. 두 돌까지 젖을 먹이고 싶었던 저는 아이가 마음의 준비가 되면 젖을 끊어야겠다고 생각했습니다. 그런데 둘째를 임신하게 되면서 어쩔 수 없이 단유를 해야 하는 상황이 되었지요. 그때 아이에게 "이제 너는 언니니까 엄마 쭈쭈는 아가에게 주자." 하고 설명하며 간식을 주었습니다. 그러자 아이는 조금도 떼를 쓰지 않고 수긍하며 단유를 받아들였습니다.

다른 성장 발달도 시기와 방법이 다양하겠지만 배변 훈련이나 단유는 정말 사람들마다 제각각이어서 아이에게 맞는 방식이 어떤 것인지를 시행해 보기 전에는 알기가 어려웠습니다. 저도 고민하며 상담을 해보니 누군가는 "단호해야 한다" "흔들리지 말라" 했지만 누군가는 그게 트라우마를 남긴다고 말하더군요.

아이에게는 생명줄이었고, 가장 편안한 시간이었던 수유를 갑자기 끊거나, 부담스러운 배뇨나 배변의 압박이 계속되면 준비가 안 됐다고 표현할 수 없는 아이는 괴롭습니다. 심한 경우 정신적, 신체적 부작용이 나타날 수 있다고 합니다.

그래서 지켜보며 그저 기다리길 선택했습니다. 좀 늦더라도 언젠가는 하겠거니 생각했지요. 결국 아이는 목표에 도달했고 스스로 해 낸 만큼 자부심을 느끼는 것 같았습니다.

결국 모든 것은 느리더라도 아이 스스로 삶 속에서 체득해야만 온전히 아이의 것이 되는 것 같습니다. 어른들의 몫은 그저 생활 속에서 보여 주고, 도움이 필요할 때 도와주고, 한 발 뒤에서 지켜보며 기다리는 것이라는 생각이 듭니다.

그게 조금은 답답하고 막막하게 느껴지더라도 말입니다.

아이가 스스로 얻어 내는 성장은 그렇게 기다릴 만한 가치가 있으니까요.

아동심리치료사가
칭찬한 육아법

　제 남편은 심리치료사입니다. 미국에서 연극치료 석사를 마치고 연극치료 인턴 생활을 하다가 한국으로 돌아와 연극심리상담사로서 다양하게 활동했습니다. 그리고 첫째가 돌이 지났을 때 대학원 박사과정으로 아동심리치료를 전공하기 시작했지요.

　당시 남편은 일과 학업을 병행했습니다. 너무나 바빠진 남편은 본인도 지칠 텐데 수업을 듣고 귀가를 할 때면 항상 "여보는 정말 육아를 잘해. 나는 정말 훌륭한 아내를 만났어." 하고 칭찬을 해주곤 했습니다. 원래 칭찬에 후한 사람이긴 하지만 그때의 저는 아이를 보느라 살림은 뒷전이어서 늘 집은 지저분했고 아이의 침과 음식으로 지저분한 옷차림에, 머리는 산발을 하고 있는데 자꾸만 칭찬을 해주니 뿌듯하기보다는 의아한 마음이 들었습니다. 심지어 어떤 날은 지쳐 누워서 아이가 노는 걸 눈으로 보면서 입으로만 놀아 주기도 했는데 말이지요. 함께하지 못하는 아쉬움에, 혼자 하는 육아를 격려하기 위한 빈말이라고 생각했는데 늘 동일한 칭찬을 해주니 도대체 어떤 부분을 두고 말하는 걸까 궁금해졌습니다. 그래서 남편에게 물었더니 "아동심리치료를 배우다 보면 정말 중요한 게 아이와 부모의 정서적 유대감, 관계 형성인데 여보는 그것을 참 잘하고 있거든." 하고 대답하더군요. 남편이 특별히 칭찬한 것은 '항상 아이를 보고 있는 것, 아이와 눈이 마주치면 늘 웃어 주고, 아이의 행동에 긍정적인 반응을 보이는 것, 그리고 아이의 소리와 행동을 따라 하는 것'이었습니다. 제가 육아하는 엄마 중에 안 그런 엄마가 어디 있냐고 하자 남편은 "생각보다 그렇게 못하는 부모가 많아. 몰라서." 하고 말하며 설명을 자세히 덧붙여 주었습니다.

첫 번째로 부모가 항상 아이를 보고 있으면 아이는 보호자의 영역 안에 있다는 것을 수시로 확인하면서 안정감을 얻게 된다고 합니다. 남편의 이야기를 듣다 보니 오래전에 우연히 본 〈영재 발굴단〉이라는 프로그램에서 무척 인상 깊었던 부모님이 떠올랐습니다. 화학 영재 아이의 부모님이었는데, 두 분 모두 청각장애가 있으셨습니다. 두 분은 잘 듣지 못하는 만큼 아이와 소통하는 매 순간 하던 일을 멈추고 따뜻한 눈빛으로 아이를 바라봤습니다. 아이가 아무리 길게 이야기해도 가만히 들어주며 늘 안정적이고 따뜻한 지지 표현을 해주었습니다. 그분들의 양육 스트레스를 검사하니 1이 나와 더욱 놀라웠지요. 당시 소아청소년 상담 전문가로 나왔던 양소영 원장님은 인터뷰에서 부모가 아이를 따뜻한 눈빛으로 바라봐 주고, 꿋꿋하게 옆에 있어 주는 것이 아이에게 큰 도움이 되었다고 말했습니다. 가족이 나를 믿어 준다는 것, 나를 곁에서 항상 지켜봐 준다는 것이 아이에게 안정감을 주고, 사회성과 사회적 적응능력 향상에 큰 영향을 준다고 하셨지요.

두 번째로 아이와 눈이 마주치면 늘 웃어 주고 아이의 행동에 긍정적인 반응을 해주면 아이의 자존감 형성에 큰 도움이 된다고 합니다. 사실 저는 여러 사람, 다양한 환자들을 경험했고 꽤 친절한 간호사였기 때문에 대부분의 상황에서 누군가와 눈이 마주치면 상냥한 표정으로 웃는 직업병 같은 습관이 있었습니다. 사랑하는 딸과 눈이 마주칠 때는 말할 것도 없었지요. 진심도 있었지만 습관도 한몫한 것입니다.

영유아기에는 말이 통하지 않기 때문에 이렇게 표정, 음성의 높낮이, 몸짓 같은 비언어적인 방법들로 감정이 전달되고 정서를 학습하게 되고 자아상이 확립됩니다. 이때 부모가 늘 아이를 바라보고 있다가 눈이 마주쳤을 때 긍정적인 반응을 해주면 아이는 부모로부터 좋은 감정, 긍정적인 피드백을 계속해서 경험하게 되는 것이지요. 남편은 꼭 아동심리치료가 아니라 상담 기법에서도 극심한 좌절이나 우울로 인해 자존감이 바닥인 사람에게 가장 좋은 치료법은 지속적인 긍정적 피드백이라고 하면서, 제 따뜻한 표정과 긍정적인 반응이 아이의 자존감, 자아상, 자기 신뢰감에 좋은 영향을 미칠 것이라고 말해 주었습니다.

그리고 세 번째로는 아이의 소리와 행동을 따라 하는 것이 아이와의 관계 형성과 언어 발달에 좋은 효과가 있다고 했습니다.

언어는 소통을 목적으로 체득되는데 자신의 소리와 표정, 행동을 따라 하는 엄마를 통해 소통의 재미를 경험하고 나면 친밀한 부모와 더 많이 소통하고 싶어지는 효과가 생긴다는 것이지요.

저는 아이가 기어가면 같이 기어가고, 저에게 안기려 하면 저도 꽉 껴안고, 요상한 소리를 내거나 옹알이를 하면 그걸 따라 하며 시간을 보내곤 했습니다. 특별히 이유가 있었던 것은 아니고, 신혼집에 텔레비전도 들이지 않고 종일 애만 보고 있다 보니 아이가 하는 행동을 따라 하며 같이 놀았던 것입니다. 실제로 첫째는 무척 말이 빠르고 다양한 표현을 사용하여 문장을 구사했습니다. 저는 아이가 타고난 거라고 생각했는데, 남편이 제 양육 방식의 영향이라고 말해 주니 뿌듯한 마음이 들었습니다.

설명을 듣고 나니 괜스레 뿌듯해지며 육아에 조금 더 사명감이 느껴졌습니다. 그리고 남편에게 무척 감사했습니다. 제가 그 모든 방법을 사용해서 즐겁고 행복하게 육아를 할 수 있었던 이유는 남편이 제가 주양육자임을 인정함과 동시에 '주양육자의 일은 살림이 아니라 육아'라고 생각해 주었기 때문이었습니다. 남편은 밖에서 자신이 사회활동을 할 동안, 저는 집에서 육아를 담당하는 것이고, 자신이 집에 돌아오면 살림과 육아는 함께해나가는 것이라고 생각했습니다.

그래서 남편은 제 육아법을 칭찬했지만, 사실 이런 육아를 하려면 깨끗한 집과 잘 차려진 밥상은 포기해야 하는 경우가 많습니다. 그리고 무엇보다 엄마가 행복하고 안정적이어야 하지요. 저는 남편이 집안일이나 살림에 대해 조금의 압박이나 부담도 주지 않았기 때문에 즐겁게 아이와 뒹굴고 신나게 시간을 보낼 수 있었습니다. 결국 주양육자는 한 명이더라도 그 아이가 경험하는 질 높은 육아는 온 가족 모두가 만들어 가는 것이라는 생각을 했습니다.

〈감사의 말〉

이 책을 마지막 장까지 읽어 주신 끈기 있는 분들,
책을 제안하고 펴내 주신 글담출판사,
책이 나오기까지 정말 고생 많으셨던 이경숙 편집자님,
감사합니다.

글을 쓰는 동안 손녀들을 챙기고 살림을 책임져 준 나의 원더우먼, 엄마,
기도로 모든 과정을 응원해 주신 시부모님,
늘 칭찬하고 격려하며 육아를 함께해 준 외조의 끝판왕, 남편,
세상에서 가장 귀한 선물이자 보물인 사랑스러운 디브와 티로
그리고
제 모든 길을 예비하시고 인도하시는 하나님께
깊은 사랑과 감사를 전합니다.

〈참고문헌〉

- 『임상 간호의 핵심』, 전국대학병원 전국간호대학 지음, 한우리
- 『의학대사전』, 대한기초간호자연과학학회 지음, 현문사
- 『임신 출산 육아 대백과』, 편집부 지음, 삼성출판사
- 『임신 출산 육아 백과』, 편집부 지음, 김성수 감수, 알에이치코리아
- 『New 임신 출산 육아 대백과』, 제일병원 지음, 비타북스
- 『아이 심리 백과』, 신의진 지음, 갤리온
- 『전 생애 인간발달의 이론』, 정옥분 지음, 학지사
- 『임상을 위한 아동발달 제2판』, Douglas Davies 지음, 이정숙 옮김, 하나의학사
- 『놀이 치료 사례집』, Terry Kottman, Charles Schaefer 지음, 김은정, 정연옥 옮김, 학지사
- 『정신분석 지향의 놀이 치료와 모래 치료』, 박은정 지음, 한국임상정신분석연구소ICP
- 『한 그릇 뚝딱 이유식』, 오상민, 박현영 지음, 청림라이프

3살까지 아기 건강보다 중요한 건 없습니다

초판 1쇄 인쇄 2022년 8월 29일
초판 1쇄 발행 2022년 9월 7일

지은이 여은주 **감수** 손수예
펴낸이 김종길 **펴낸 곳** 글담출판사 **브랜드** 글담출판

기획편집 이은지 · 이경숙 · 김보라 · 김윤아 **영업** 김상윤
디자인 손소정 **마케팅** 정미진 · 김민지 **관리** 김예솔

출판등록 1998년 12월 30일 제2013-000314호
주소 (04029) 서울시 마포구 월드컵로8길 41 (서교동 483-9)
전화 (02) 998-7030 **팩스** (02) 998-7924
블로그 blog.naver.com/geuldam4u **이메일** geuldam4u@naver.com

ISBN 979-11-91309-26-3 (03590)

책값은 뒤표지에 있습니다.
잘못된 책은 바꾸어 드립니다.

만든 사람들 ─────────────
책임편집 이경숙 **디자인** 정현주 **교정교열** 김익선

글담출판에서는 참신한 발상, 따뜻한 시선을 가진 원고를 기다리고 있습니다. 원고는 글담출판 블로그와 이메일을 이용해 보내주세요. 여러분의 소중한 경험과 지식을 나누세요.